PHP 程序设计教程
实验及课程设计

主　编　黎远松　曾静楣
副主编　何海涛　夏以波

西南交通大学出版社
·成　都·

内容简介

本书以一种清晰而简练的风格介绍了 PHP 语言的语法和程序设计技术,并通过大量的示例演示了它们的正确使用方法和习惯用法。每一章在讲解了 PHP5 最基本的知识点后,都配有实例,带领读者走进 PHP5 殿堂。本书分 3 部分,第 1 部分是教程,从 Web 服务器基本原理开始,讲解了 PHP 应用开发环境安装与配置、PHP5 语言编程基础知识及 PHP5 面向对象知识,介绍了 PHP 相关应用,包括 PHP 操作文件系统、与表单交互等,还介绍了 PHP5 与数据库交互操作知识及 PHP5 一些高级应用。第 2 部分是实验,包括 7 个实验。第 3 部分是课程设计,由实例详细讲解 PHP5 在实际开发时的应用。本书适合广大 Web 网站开发人员、网站管理维护人员和大专院校学生作为参考书与教材使用,尤其适合有一定网络编程经验的开发人员使用。

图书在版编目(CIP)数据

PHP 程序设计教程实验及课程设计 / 黎远松,曾静楣主编. —成都:西南交通大学出版社,2017.6
ISBN 978-7-5643-5539-5

Ⅰ.①P… Ⅱ.①黎… ②曾… Ⅲ.①PHP 语言–程序设计 Ⅳ.①TP312

中国版本图书馆 CIP 数据核字(2017)第 151947 号

PHP 程序设计教程实验及课程设计

主　编／黎远松　曾静楣	责任编辑／穆　丰
	封面设计／米迦设计工作室

西南交通大学出版社出版发行
(四川省成都市二环路北一段 111 号西南交通大学创新大厦 21 楼　610031)
发行部电话:028-87600564
网址:http://www.xnjdcbs.com
印刷:四川森林印务有限责任公司

成品尺寸　185 mm×260 mm
印张　20.25　　字数　491 千
版次　2017 年 6 月第 1 版　　印次　2017 年 6 月第 1 次

书号　ISBN 978-7-5643-5539-5
定价　42.00 元

课件咨询电话:028-87600533
图书如有印装质量问题　本社负责退换
版权所有　盗版必究　举报电话:028-87600562

前　言

最好的编程图书应该不是纯粹地讲述理论，而是要切合实际。在写书过程中，编者一直在努力让所写的内容能用到实处。如果你希望获得 PHP 编程语言的实践经验，对它们有全面的了解，并且想知道如何结合这些卓越的技术创建数据库驱动的动态 Web 应用程序，那么本书正合你所需。

如果你是初学者，强烈推荐从第 1 章开始阅读，因为首先要掌握 PHP 的基础知识，这对于阅读后面的章节很有好处。本书在编写时尽量合理地划分各章的内容，让读者能很快地了解各章的主题，而无需先掌握其他章节的内容。

另外，不论是新手还是经验丰富的 PHP 开发人员，都能从本书中获益。要理解本书介绍的概念，最有效的办法就是使用书中的代码亲自尝试。编写非常希望能收到读者的来信，并提出建议、意见和问题，可以随时给编者发电子邮件：lys700620@yeah.net。

本书获四川理工学院教材建设基金资助，四川省自贡市富顺县琵琶镇人民政府曾静楣同志参与实验和课程设计的编写工作，在此表示衷心的感谢。

编　者
2017 年 5 月

目　录

第 1 部分　教　程

1 基础教程 002
　1.1 简　介 002
　1.2 Wamp Server 安装 003
　1.3 PHP 语法 004
　1.4 变　量 006
　1.5 echo 和 print 语句 010
　1.6 数据类型 012
　1.7 字符串函数 016
　1.8 常　量 016
　1.9 运算符 017
　1.10 条件语句 022
　1.11 Switch 语句 024
　1.12 循环语句 025
　1.13 函　数 028
　1.14 数　组 030
　1.15 数组排序 033
　1.16 超全局变量 038
　1.17 正则表达式 041
　1.18 习　题 048

2 PHP 和表单 073
　2.1 表单处理 073
　2.2 PHP 表单验证 075
　2.3 必填字段 080
　2.4 验证名字、E-mail 和 URL 085
　2.5 完整的表单实例 090
　2.6 习　题 095

3 高级教程 098
　3.1 多维数组 098

3.2 日期和时间 ……………………………………………………………… 100
3.3 include 文件 …………………………………………………………… 103
3.4 文件处理 ………………………………………………………………… 106
3.5 文件打开/读取/关闭 …………………………………………………… 107
3.6 文件创建/写入 ………………………………………………………… 110
3.7 文件上传 ………………………………………………………………… 111
3.8 Cookies ………………………………………………………………… 114
3.9 Sessions ………………………………………………………………… 116
3.10 发送电子邮件 ………………………………………………………… 117
3.11 安全的电子邮件 ……………………………………………………… 120
3.12 错误处理 ……………………………………………………………… 123
3.13 异常处理 ……………………………………………………………… 127
3.14 过滤器（Filter） ……………………………………………………… 133
3.15 习　题 ………………………………………………………………… 137

4 PHP 和 MySQL 数据库 ……………………………………………………… 150
4.1 MySQL 简介 …………………………………………………………… 150
4.2 MySQL 连接数据库 …………………………………………………… 150
4.3 创建数据库和表 ………………………………………………………… 151
4.4 insert into 语句 ………………………………………………………… 153
4.5 select 语句 ……………………………………………………………… 155
4.6 where 子句 ……………………………………………………………… 156
4.7 order by 子句 …………………………………………………………… 157
4.8 update 语句 ……………………………………………………………… 157
4.9 delete from 语句 ………………………………………………………… 158
4.10 ODBC …………………………………………………………………… 158
4.11 习　题 ………………………………………………………………… 161

5 PHP 和 XML ………………………………………………………………… 170
5.1 Expat 解析器 …………………………………………………………… 170
5.2 DOM 解析器 …………………………………………………………… 173
5.3 SimpleXML ……………………………………………………………… 175
5.4 XML 应用实例——留言本 ……………………………………………… 176
5.5 习　题 …………………………………………………………………… 179

6 PHP 和 AJAX ………………………………………………………………… 182
6.1 AJAX 简介 ……………………………………………………………… 182
6.2 XMLHttpRequest 对象 ………………………………………………… 183
6.3 AJAX 请求 ……………………………………………………………… 184
6.4 AJAX XML 实例 ………………………………………………………… 187

6.5　AJAX MySQL 数据库实例 ……………………………………………… 197
6.6　ResponseXML 实例 ………………………………………………… 201
6.7　Live Search ………………………………………………………… 206
6.8　RSS 阅读器 ………………………………………………………… 211
6.9　AJAX 投票 ………………………………………………………… 214
6.10　习　题 …………………………………………………………… 217

第 2 部分　实　验

实验 1　PHP 开发环境安装 …………………………………………………… 222
实验 2　PHP 基础（一） ……………………………………………………… 224
实验 3　PHP 基础（二） ……………………………………………………… 227
实验 4　PHP 数据处理 ………………………………………………………… 232
实验 5　PHP Web 项目实践——编写 PHP 互动网页 ………………………… 244
实验 6　PHP 和数据库 ………………………………………………………… 251
实验 7　PHP 和 Ajax 技术 …………………………………………………… 257

第 3 部分　课程设计

网络在线考试系统 ……………………………………………………………… 262

参考文献 …………………………………………………………………… 316

第1部分
教　程

1 基础教程

1.1 简 介

PHP 是一种创建动态交互性站点的强有力的服务器端脚本语言,对于像微软 ASP 这样的竞争者来说,PHP 无疑是另一种高效的选择。

1.1.1 什么是 PHP

PHP 是 "PHP Hypertext Preprocessor" 的首字母缩略词,是一种被广泛使用的开源脚本语言,PHP 脚本在服务器上执行,可供免费下载和使用。PHP 是一门令人惊叹的流行语言,它强大到足以成为在网络上最大的博客系统的核心(WordPress),它深邃到足以运行最大的社交网络(facebook),而它的易用程度足以成为初学者的首选服务器端语言。

PHP 文件能够包含文本、HTML、CSS 以及 PHP 代码,在服务器上执行,而结果以纯文本返回浏览器,其后缀是 ".php"。

1.1.2 PHP 能够做什么

(1)PHP 能够生成动态页面内容;
(2)创建、打开、读取、写入、删除以及关闭服务器上的文件;
(3)接收表单数据;
(4)发送并取回 cookies;
(5)添加、删除、修改数据库中的数据;
(6)限制用户访问网站中的某些页面;
(7)对数据进行加密。

通过 PHP,你可以不受限于只输出 HTML,还能够输出图像、PDF 文件,甚至 Flash 影片,也可以输出任何文本,比如 XHTML 和 XML。

1.1.3 为什么使用 PHP

(1)PHP 支持运行于各种平台(Windows,Linux,Unix,Mac OS X 等);
(2)兼容几乎所有服务器(Apache,IIS 等);
(3)支持多种数据库;
(4)PHP 是免费的;
(5)易于学习,并可高效地运行在服务器端。

1.2 Wamp Server 安装

Wamp Server 是 Apache、MySQL 和 PHP 集成的开发环境，Wamp 集成了 PHP 以及 phpMyAdmin，集成了管理 MySQL 数据库的图形工具 SQLiteManager 和 phpMyAdmin 两种管理工具，既方便又快捷，可以说，能满足大多数 PHP 开发人员的需求。

1.2.1 安装方法和步骤

（1）下载 wamp5，假设文件名为：wamp5_1.7.4.exe；
（2）下载完毕，双击 wamp5_1.7.4.exe 文件；
（3）出现安装界面后，点击"Next"按钮；
（4）然后选中"I accept the agreement"选项，并点击"Next"按钮；
（5）选择默认安装路径，点击"Next"按钮；
（6）在弹出的对话框中，点击是"（Y）"按钮；
（7）点击"Next"按钮；
（8）点击"Next"按钮；
（9）点击"Install"按钮进行安装；
（10）点击"Next"按钮；
（11）点击"Next"按钮；
（12）点击是"（Y）"按钮；
（13）点击"finish"按钮，完成安装。

1.2.2 使用方法和步骤

（1）点击任务栏右下角 图标；
（2）点击 www directory ，打开 www 目录；
（3）在空白处右击，选择"新建文本文档"；
（4）修改文本文档文件名为 index.php（为了方便起见，默认主页）；
（5）双击 index.php，打开文件（打开方式，用记事本打开）；
（6）输入 index.php 源程序并保存：

```
<?php
   echo "Hello, world!";
?>
```

点击 Localhost 运行，结果如图 1-1-1 所示。

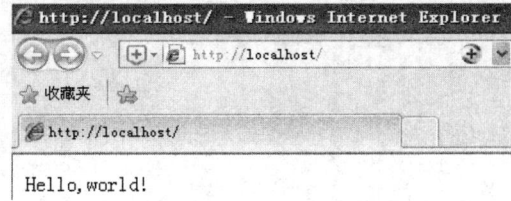

图 1-1-1 运行结果

1.3 PHP 语法

1.3.1 基础语法

PHP 脚本以 "<?php" 开头，以 "?>" 结尾。PHP 文件通常包含 HTML 标签以及一些 PHP 脚本代码。PHP 语句以分号 ";" 结尾，在 PHP 代码块的最后一行不必使用分号。PHP 默认文件扩展名是 ".php"。

下面的例子是一个简单的 PHP 文件，其中包含了使用内建 PHP 函数 "echo" 在网页上输出文本 "Hello World!" 的一段 PHP 脚本（index.php）：

```
<!DOCTYPE html>
<html>
  <body>
    <h1>我的第一张 PHP 页面</h1>
    <?php
      echo "Hello World!";
    ?>
  </body>
</html>
```

运行结果如图 1-1-2 所示。

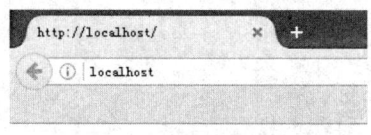

图 1-1-2　运行结果

1.3.2 PHP 中的注释

PHP 支持三种注释：

```
<?php
  //这是单行注释
  #这也是单行注释
  /*
    这是多行注释块
    它横跨了
```

```
        多行
    */
?>
```

注释用于：

（1）使其他人理解你正在做的工作。注释可以让其他程序员了解你在每个步骤进行的工作；

（2）提醒自己做过什么。大多数程序员都曾经历过一两年后对项目进行返工，然后不得不重新考虑他们做过的事情，注释可以记录你在写代码时的思路；

（3）调试程序时，根据需要注释掉不调试的程序。

通常在文件头注释文件名，修改时间，作者，电子邮件等信息：

```
/*
* filename:   index.php
* modify:     2012-05-22 14:15
* author:     luker
* e_mail:     service@pcboy.me
*/
```

1.3.3 大小写敏感问题

在 PHP 中，所有用户定义的函数、类和关键词（例如 if、else、echo 等）都对大小写不敏感。在下面的例子中，所有这三行 echo 语句都是合法的（等价的）：

```
<?php
    ECHO "Hello World!<br>";
    echo "Hello World!<br>";
    EcHo "Hello World!<br>";
?>
```

不过，在 PHP 中，所有变量都对大小写敏感。在下面的例子中，只有第一条语句会显示 $color 变量的值（这是因为 $color、$COLOR 以及 $coLOR 被视作三个不同的变量）：

```
<?php
    $color="红色的";
    echo "我的汽车是$color <br>";
    echo "我的房子是$COLOR <br>";
    echo "我的船是$coLOR <br>";
?>
```

运行结果如图 1-1-3 所示。

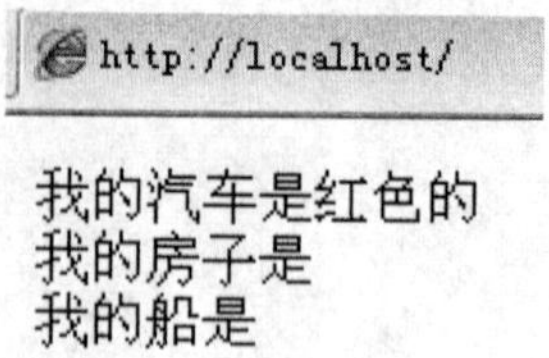

```
http://localhost/
我的汽车是红色的
我的房子是
我的船是
```

图 1-1-3 运行结果

$color 的值为"红色的",$COLOR 和$coLOR 的值为 NULL。

1.4 变量

变量是存储信息的容器。PHP 变量命名规则:
(1)变量以$符号开头,其后是变量的名称。
(2)变量名称对大小写敏感($Submit 与$submit 是两个不同的变量)。
(3)变量名称必须以字母或下划线开头。
(4)变量名称不能以数字开头。
(5)变量名称只能包含字母数字字符和下划线(A~z、0~9以及_)。

1.4.1 创建变量

PHP 没有创建变量的命令,变量会在首次为其赋值时被创建:
```
<?php
    $txt="Hello world!";
    $x=5;
    $y=10.5;
?>
```
以上语句执行后,变量 txt 会保存值"Hello world!",变量 x 会保存值 5,变量 y 会保存值 10.5。

PHP 是一门类型松散的语言,在上面的例子中,不必告知 PHP 变量的数据类型,PHP 根据它的值,自动把变量转换为正确的数据类型,在诸如 C,C++以及 Java 之类的语言中,程序员必须在使用变量之前声明它的名称和类型。

1.4.2 变量的作用域

在 PHP 中,可以在脚本的任意位置对变量进行声明,变量的作用域指的是变量能够被引用/使用的那部分脚本,PHP 有局部、全局和静态三种不同的变量作用域。

1. 局部和全局作用域

函数之外声明的变量拥有全局作用域,只能在函数以外进行访问,函数内部声明的变量拥有局部作用域,只能在函数内部进行访问,下面的例子测试了带有局部和全局作用域的变量:

```php
<?php
    $x=5;//全局作用域
    function myTest()
    {
        $y=10;//局部作用域
        echo "<p>测试函数内部的变量：</p>";
        echo "变量 x 是：$x";
        echo "<br>";
        echo "变量 y 是：$y";
    }
    myTest();
    echo "<p>测试函数之外的变量：</p>";
    echo "变量 x 是：$x";
    echo "<br>";
    echo "变量 y 是：$y";
?>
```
运行结果如图 1-1-4 所示。

图 1-1-4　运行结果

在上例中，有两个变量$x 和$y 以及一个函数 myTest()，$x 是全局变量，因为它是在函数之外声明的，而$y 是局部变量，因为它是在函数内声明的。如果在 myTest()函数内部输出两个变量的值，$y 会输出在本地声明的值，但是无法输出$x 的值，因为它在函数之外创建，如果在 myTest()函数之外输出两个变量的值，那么会输出$x 的值，但是不会输出$y 的值，因为它是局部变量，在 myTest()内部创建。你可以在不同的函数中创建名称相同的局部变量，因为局部变量只能被在其中创建它的函数识别。

2. global 关键词

global 关键词用于访问函数外的全局变量。要做到这一点，请在（函数内部）变量前面使用 global 关键词。

```php
<?php
    $x=5;
    $y=10;
    function myTest()
    {
        global $x, $y;
        $y=$x+$y;
    }
    myTest();
    echo $y; //输出 15
?>
```

PHP 同时在名为 **$GLOBALS** 的数组中存储了所有的全局变量，下标为变量名，这个数组在函数内也可以访问，并能够用于直接更新全局变量，上面的例子可以这样重写：

```php
<?php
    $x=5;
    $y=10;
    function myTest()
    {
        $GLOBALS['y']=$GLOBALS['x']+$GLOBALS['y'];
    }
    myTest();
    echo $y; //输出 15
?>
```

或者通过参数传递：

```php
<?php
    $x=5;
    $y=10;
    function myTest($x, &$y)
    {
        $y=$x+$y;
    }
    myTest($x, $y);
    echo $y; //输出 15
?>
```

3. static 关键词

通常，当函数完成/执行后，会删除所有变量，如果要保留某个局部变量，声明变量时要使用 **static** 关键词。

```php
<?php
   @session_start();
   ini_set("display_errors","On");
   static $DB_HOST="localhost";//数据库服务器
   static $DB_NAME="acm";//数据名
   static $DB_USER="root";//数据库用户
   static $DB_PASS="root";//数据库密码
   static $OJ_NAME="SUSE ACM";//系统名
   static $OJ_HOME="./";//系统根目录
   static $OJ_ADMIN="service@pcboy.me";//管理员邮箱
   static $OJ_DATA="/home/judge/data";//测试数据在服务器上的位置
   //static    $OJ_LANG="en";//语言系统 cn->中文 en->英文
   static $OJ_SIM=false; //相似度检查(此系统暂没有用到)
   static $OJ_DICT=false;//开启划词翻译插件(仅在中文模式下可用)
   static $OJ_LANGMASK=1008;//支持编程语言 1->c 2->c++
   static $OJ_EDITE_AREA=true;//是否开启代码高亮编辑框
   static $OJ_AUTO_SHARE=false;//是否共享代码，开启后其他人可以查看用户提交的代码
   static $OJ_VCODE=true;//是否开启登录注册验证码
   static $OJ_APPENDCODE=false;//是否显示附加信息
   static $OJ_MEMCACHE=false;//是否开启 memcache 缓存
   static $OJ_MEMSERVER="127.0.0.1";//memcache 服务器 ip
   static $OJ_MEMPORT=11211;//memcache 端口
   static $OJ_TEMPLATE="default";//模板名，位于./template/下
?>
```

然后，每当函数被调用时，这个变量所存储的信息都是函数最后一次被调用时所包含的信息，但该变量仍然是函数的局部变量。

我们可以利用静态变量求阶乘。从键盘输入数 n（确保 $n>0$），阶乘用函数实现，要求函数能"记忆"上一次阶乘的结果，即第一次调用时，函数计算的结果是 1!，第二次调用时，函数记住了上次函数调用的结果（1!），在此基础上计算出 2!。

```php
<?php
   function fac($n)
   {
      static $f=1;
      $f=$f*$n;
      return($f);
   }
   for($i=1;$i<=5;$i++)
      printf($i."!=".fac($i)."<br>");
?>
```

1.5 echo 和 print 语句

在 PHP 中,有两种基本的输出方法:echo 和 print。echo 能够输出一个以上的字符串,print 只能输出一个字符串,并始终返回 1。echo 比 print 执行稍快,因为它不返回任何值。

在本教程中,我们几乎在每个例子中都会用到 echo 和 print,因此,本节将讲解更多关于这两条输出语句的知识。

1.5.1 echo 语句

echo 是一个语言结构,有无括号均可使用,但 echo()只能输出一个字符串。下面的例子展示如何用 echo 命令来显示不同的字符串(同时请注意字符串中能包含 HTML 标记):

```
<?php
    echo "<h2>PHP is fun!</h2>";
    echo "Hello world!<br>";
    echo "I'm about to learn PHP!<br>";
    echo "This", " string", " was", " made", " with multiple parameters.";
    //echo 能够输出一个以上的字符串,此时能用 echo,不能用 echo()。
?>
```

运行结果如图 1-1-5 所示。

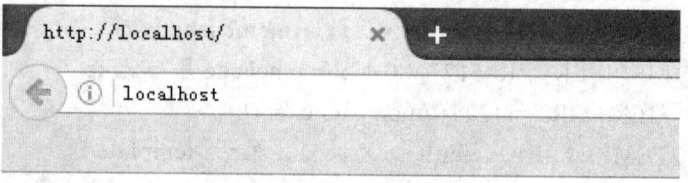

图 1-1-5　运行结果

下面的例子展示如何用 echo 命令来显示字符串和变量:

```
<?php
    $txt1="Learn PHP";
    $txt2="W3School.com.cn";
    $cars=array("Volvo", "BMW", "SAAB");
    echo $txt1, "<br>";
    echo "Study PHP at $txt2 <br>";
    echo "My car is a $cars[0]";
?>
```

运行结果如图 1-1-6 所示。

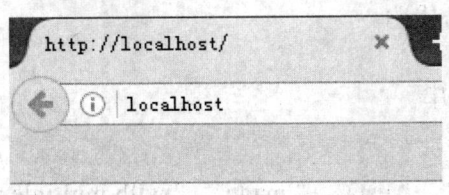

图 1-1-6　运行结果

1.5.2　print 语句

print 也是语言结构，有无括号均可使用。下面的例子展示如何用 print 命令来显示不同的字符串。

```
<?php
    print "<h2>PHP is fun!</h2>";
    print "Hello world!<br>";
    echo(print("I'm about to learn PHP!<br>"));
    //可以用 echo 输出 print 的返回值 1
?>
```

运行结果如图 1-1-7 所示。

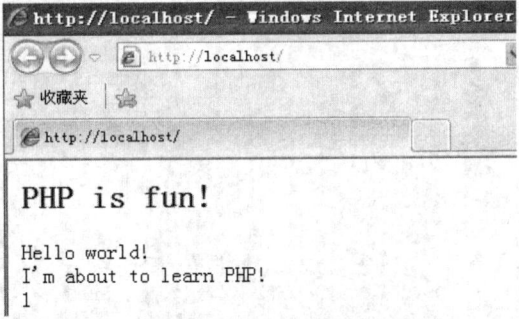

图 1-1-7　运行结果

下面的例子展示如何用 print 命令来显示字符串和变量。

```
<?php
    $txt1="Learn PHP";
    $txt2="W3School.com.cn";
    $cars=array("Volvo", "BMW", "SAAB");
    print $txt1;
    print "<br>";
    print "Study PHP at $txt2";
```

```
    print "<br>";
    print "My car is a $cars[0]";
?>
```
print 只能输出一个字符串。
```
<?php
    print "This", " string", " was", " made", " with multiple parameters.";
?>
```
运行结果如图 1-1-8 所示。

图 1-1-8　运行结果

1.6　数据类型

1.6.1　字符串

字符串是字符序列，比如"Hello world!"。字符串可以是引号内的任何文本，可以使用单引号或双引号。

```
<?php
    $x="Hello world!";
    echo $x;
    echo "<br>";
    $x='Hello world!';
    echo $x;
?>
```

1.6.2　整　数

整数是没有小数的数字。
整数规则：
（1）可以用三种格式规定整数：十进制、十六进制（前缀是 0x）或八进制（前缀是 0）；
（2）整数必须有至少一个数字（0~9）；
（3）整数不能包含逗号或空格；
（4）整数不能有小数点；
（5）整数正负均可。

下面的例子将测试不同的数字，**var_dump()**会返回变量的数据类型和值（echo 和 print 只返回变量的值，var_dump 括号不能少！）。

```php
<?php
  $x=5985;
  var_dump($x);
  echo "<br>";
  $x=-345; //负数
  var_dump($x);
  echo "<br>";
  $x=0x8C; //十六进制数 8C 其值=8×16+12=140(十进制)
  var_dump($x);
  echo "<br>";
  $x=047; //八进制数 47 其值=4×8+7=39(十进制)
  var_dump($x);
?>
```

运行结果如图 1-1-9 所示。

图 1-1-9　运行结果

1.6.3　浮点数

浮点数是有小数点或指数形式的数字。下面的例子将测试不同的数字。

```php
<?php
  $x=10.365;
  var_dump($x);
  echo "<br>";
  $x=2.4e3;
  var_dump($x);
  echo "<br>";
  $x=8E-5;
  var_dump($x);
?>
```

运行结果如图 1-1-10 所示。

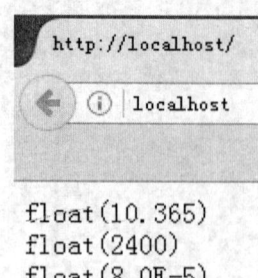

图 1-1-10 运行结果

e 和 E 均可，输出时统一形式（用 E、小数点或指数表示），显示时是自动选择方便的形式。

1.6.4 逻 辑

逻辑是 true 或 false，常用于条件测试。

```
<?php
    $x=true;
    $y=false;
    var_dump($x);
    echo "<br>";
    var_dump($y);
?>
```

运行结果如图 1-1-11 所示。

图 1-1-11 运行结果

1.6.5 数 组

数组在一个变量中存储多个值。下面的例子将测试不同的数组。

```
<?php
    $cars=array("Volvo", "BMW", "SAAB");
    var_dump($cars);
?>
```

运行结果如图 1-1-12 所示。

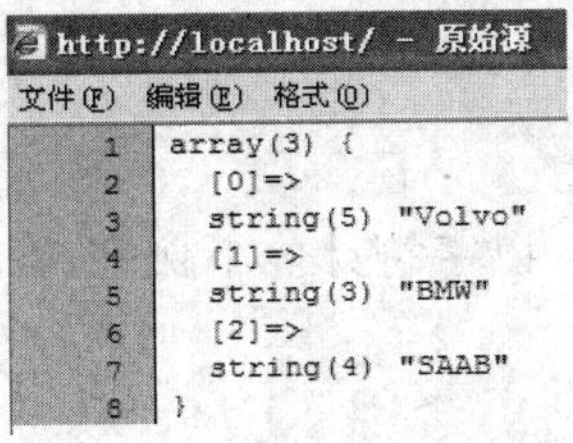

```
array(3) {
  [0]=>
  string(5) "Volvo"
  [1]=>
  string(3) "BMW"
  [2]=>
  string(4) "SAAB"
}
```

图 1-1-12　运行结果

1.6.6　对　象

在 PHP 中，必须明确地声明对象，首先必须声明对象的类，对此，这里使用 **class** 关键词，然后在对象类中定义数据类型，最后在该类的实例中使用此数据类型。

```php
<?php
    class initialize
    {
        function init()
        {
            $cache_time=1;//页面缓存时间(秒)
            $OJ_CACHE_SHARE=false;//是否共享缓存
            require_once('./include/db_info.inc.php');
        }//init
    }//initialize
    $init=new initialize;
    $init->init();//object(initialize)#1 (0) { }
    unset($init);//NULL
?>
```

1.6.7　NULL 值

特殊的 NULL 值表示变量无值，变量是否为空，也用于区分空字符串（""）与空值数据库（NULL），NULL 是数据类型 NULL 唯一可能的值，可以通过把值设置为 NULL，将变量清空。

```php
<?php
    $x="Hello world!";
    $x=NULL;
    var_dump($x);//只返回类型 NULL，无值
    echo "<br>";
    $x=""; //空字符串
    var_dump($x);//空字符串，其类型为 string，长度为 0，其值为""
?>
```

1.7 字符串函数

1.7.1 strlen()函数

strlen()函数返回字符串的长度,以字符计。下例完成把数字金额转换成大小格式:

```php
<?php
    function daxie($num)
    {
        $da=array('零','一','二','三','四','五','六','七','八','九');
        $r='';
        $len=strlen($num);
        if(!is_numeric($num)||$len<0)
            return '';
        for($i=0;$i<$len;$i++)
            $r.=$da[substr($num, $i, 1)];
        return $r;
    }//daxie
?>
<?php
    echo daxie('12345');//一二三四五
?>
```

strlen()常用于循环和其他函数,在确定字符串何时结束时很重要。例如,在循环中,我们也许需要在字符串的最后一个字符之后停止循环。

1.7.2 strpos()函数

strpos()函数用于检索字符串内指定的字符或文本,如果找到匹配,则会返回首个匹配的字符位置,如果未找到匹配,则将返回 FALSE。下例检索字符串"Hello world!"中的文本"world":

```php
<?php
    echo strpos("Hello world!", "world"); //输出 6
?>
```

例中,字符串"world"的位置是 6,理由是字符串中首字符的位置是 0。

1.8 常　量

常量是单个值的标识符(名称),在脚本中无法改变该值。有效的常量名以字符或下划线开头(常量名称前面没有$符号)。与变量不同,常量贯穿整个脚本,是自动全局的。

1.8.1 设置常量

设置常量，使用 define() 函数，它使用三个参数，首个参数定义常量的名称，第二个参数定义常量的值，可选的第三个参数规定常量名是否对大小写敏感，默认是"false"，对大小写敏感。下例创建了一个对大小写敏感的常量，值为"Welcome to W3School.com.cn!"：

```
<?php
    define(GREETING，"Welcome to W3School.com.cn!"); //定义对大小写敏感的常量
    echo GREETING，"<br>";
    echo greeting; //不会输出常量的值
?>
```

运行结果如图 1-1-13 所示。

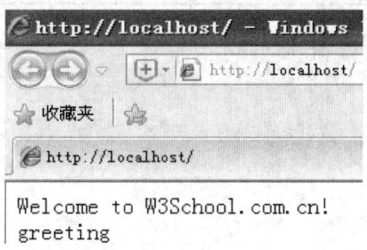

图 1-1-13 运行结果

下例创建了一个对大小写不敏感的常量，值为"Welcome to W3School.com.cn!"：

```
<?php
    define(GREETING，"Welcome to W3School.com.cn!"，true); //定义对大小写不敏感的常量
    echo GREETING，"<br>";
    echo greeting; //会输出常量的值
?>
```

运行结果如图 1-1-14 所示。

图 1-1-14 运行结果

1.9 运算符

本节展示了可用于 PHP 脚本中的各种运算符。

1.9.1 算术运算符

算术运算符如表 1-1-1 所示。

表 1-1-1 算术运算符

运算符	名称	例子	结果
+	加法	$x+$y	$x 与 $y 求和
-	减法	$x-$y	$x 与 $y 的差数
*	乘法	$x*$y	$x 与 $y 的乘积
/	除法	$x/$y	$x 与 $y 的商数
%	模数	$x%$y	$x 除 $y 的余数

下例展示了使用不同算术运算符的不同结果：

```
<?php
    $x=10;
    $y=6;
    echo($x+$y); //输出 16
    echo "<br>";
    echo($x-$y); //输出 4
    echo "<br>";
    echo($x*$y); //输出 60
    echo "<br>";
    echo($x/$y); //输出 1.666 666 666 666 7
    echo "<br>";
    echo($x%$y); //输出 4
?>
```

1.9.2 赋值运算符

PHP 赋值运算符用于向变量赋值。PHP 中基础的赋值运算符是"="，这意味着右侧赋值表达式会为左侧运算数设置值，如表 1-1-2 所示。

表 1-1-2 赋值运算符

赋值	等同于	描述
x+=y	x=x+y	加
x-=y	x=x-y	减
x*=y	x=x*y	乘
x/=y	x=x/y	除
x%=y	x=x%y	模数

下例展示了使用不同赋值运算符的不同结果：

```php
<?php
    $x=10;
    echo $x; //输出 10
    $y=20;
    $y+=100;
    echo $y; //输出 120
    $z=50;
    $z-=25;
    echo $z; //输出 25
    $i=5;
    $i*=6;
    echo $i; //输出 30
    $j=10;
    $j/=5;
    echo $j; //输出 2
    $k=15;
    $k%=4;
    echo $k; //输出 3
?>
```

1.9.3 字符串运算符

字符串运算符如表 1-1-3 所示。

表 1-1-3 字符串运算符

运算符	名称	例子	结果
.	串接	$txt1="Hello "; $txt2=$txt1."world!"	现在$txt2 包含"Hello world!"
.=	串接赋值	$txt1="Hello "; $txt1.="world!"	现在$txt1 包含"Hello world!"

下例展示了使用字符串运算符的结果：

```php
<?php
    $a="Hello";
    $b=$a." world!";
    echo $b; //输出 Hello world!
    $x="Hello";
    $x.=" world!";
    echo $x; //输出 Hello world!
?>
```

1.9.4 递增/递减运算符

递增/递减运算符如表 1-1-4 所示。

表 1-1-4 递增/递减运算符

运算符	名称	描述
++$x	前递增	$x 加一递增，然后返回 $x
$x++	后递增	返回 $x，然后 $x 加一递增
--$x	前递减	$x 减一递减，然后返回 $x
$x--	后递减	返回 $x，然后 $x 减一递减

下例展示了使用不同递增/递减运算符的不同结果：

```
<?php
    $x=10;
    echo ++$x; //加 1 后输出 11
    echo "<br>";
    $y=10;
    echo $y++; //输出 10 后加 1
    echo "<br>";
    $z=5;
    echo --$z; //减 1 后输出 4
    echo "<br>";
    $i=5;
    echo $i--; //输出 5 后减 1
?>
```

1.9.5 比较运算符

PHP 比较运算符用于比较两个值（数字或字符串）（见表 1-1-5）。

表 1-1-5 比较运算符

运算符	名称	例子	结果
==	等于	$x==$y	如果 $x 等于 $y，则返回 true
===	全等（完全相同）	$x===$y	如果 $x 等于 $y，且它们类型相同，则返回 true
!=	不等于	$x!=$y	如果 $x 不等于 $y，则返回 true
<>	不等于	$x<>$y	如果 $x 不等于 $y，则返回 true
!==	不全等（完全不同）	$x!==$y	如果 $x 不等于 $y，且它们类型不相同，则返回 true
>	大于	$x>$y	如果 $x 大于 $y，则返回 true
<	小于	$x<$y	如果 $x 小于 $y，则返回 true
>=	大于或等于	$x>=$y	如果 $x 大于或者等于 $y，则返回 true
<=	小于或等于	$x<=$y	如果 $x 小于或者等于 $y，则返回 true

下例展示了使用某些比较运算符的不同结果：

```php
<?php
    $x=100;
    $y="100";
    var_dump($x==$y);//bool(true)
    echo "<br>";
    var_dump($x===$y);//bool(false)
    echo "<br>";
    var_dump($x!=$y);//bool(false)
    echo "<br>";
    var_dump($x!==$y);//bool(true)
    echo "<br>";
    $a=50;
    $b=90;
    var_dump($a>$b);//bool(false)
    echo "<br>";
    var_dump($a<$b);//bool(true)
?>
```

1.9.6 逻辑运算符

逻辑运算符如表 1-1-6 所示。

表 1-1-6 逻辑运算符

运算符	名称	例子	结果
and	与	$x and $y	如果$x 和$y 都为 true，则返回 true
or	或	$x or $y	如果$x 和$y 至少有一个为 true，则返回 true
xor	异或	$x xor $y	如果$x 和$y 有且仅有一个为 true，则返回 true
&&	与	$x && $y	如果$x 和$y 都为 true，则返回 true
||	或	$x || $y	如果$x 和$y 至少有一个为 true，则返回 true
!	非	!$x	如果$x 不为 true，则返回 true

1.9.7 数组运算符

PHP 数组运算符用于比较数组（见表 1-1-7）。

表 1-1-7 数组运算符

运算符	名称	例子	结果
+	联合	$x+$y	$x 和$y 的联合（但不覆盖重复的键）
==	相等	$x==$y	如果$x 和$y 拥有相同的键/值对，则返回 true

续表

运算符	名称	例子	结果
===	全等	$x===$y	如果$x 和$y 拥有相同的键/值对,且顺序相同类型相同,则返回 true
!=	不相等	$x!=$y	如果$x 不等于$y,则返回 true
<>	不相等	$x<>$y	如果$x 不等于$y,则返回 true
!==	不全等	$x!==$y	如果$x 与$y 完全不同,则返回 true

下例展示了使用不同数组运算符的不同结果:

```php
<?php
    $x=array("a"=>"red", "b"=>"green");
    $y=array("c"=>"blue", "d"=>"yellow");
    $z=$x+$y;//$x 与 $y 的联合
    var_dump($z);
    var_dump($x==$y); //bool(false)
    var_dump($x===$y); //bool(false)
    var_dump($x!=$y); //bool(true)
    var_dump($x<>$y); //bool(true)
    var_dump($x!==$y); //bool(true)
?>
```

运行结果:
```
array(4) {
    ["a"]=>
    string(3) "red"
    ["b"]=>
    string(5) "green"
    ["c"]=>
    string(4) "blue"
    ["d"]=>
    string(6) "yellow"
}
```

1.10 条件语句

条件语句用于基于不同条件执行不同的动作。在编写代码时,经常会希望为不同的决定执行不同的动作,这可以在代码中使用条件语句来实现这一点。在 PHP 中,可以使用以下条件语句:

(1) if 语句;

(2) if...else 语句；
(3) if...elseif...else 语句；
(4) switch 语句。

1.10.1　if 语句

if 语句用于在指定条件为 true 时执行代码。

语法：

if(条件)

{

　　当条件为 true 时执行的代码；

}

下例将输出"Have a good day!"，如果当前时间（HOUR）小于 20：

<?php
　　date_default_timezone_set("Asia/Shanghai");
　　$t=date("H");
　　if($t<"20")
　　　　echo"Have a good day!";
?>

1.10.2　if...else 语句

在条件为 true 时执行代码，在条件为 false 时执行另一段代码时，使用 if...else 语句。

语法：

if(条件)

{

　　条件为 true 时执行的代码；

}

else

{

　　条件为 false 时执行的代码；

}

下例将输出"Have a good day!"，如果当前时间（HOUR）小于 20，否则输出"Have a good night!"：

<?php
　　date_default_timezone_set("Asia/Shanghai");
　　$t=date("H");
　　if($t<"20")
　　　　echo "Have a good day!";
　　else

```
    echo "Have a good night!";
?>
```

1.10.3 if...elseif...else 语句

选择若干代码块之一来执行时，使用 if...elseif...else 语句。

语法：

```
if(条件)
{
    条件为 true 时执行的代码;
}
elseif(condition)
{
    条件为 true 时执行的代码;
}
else
{
    条件为 false 时执行的代码;
}
```

下例中，如果当前时间（HOUR）小于 10，将输出"Have a good morning!"；如果当前时间小于 20，则输出"Have a good day!"；否则将输出"Have a good night!"：

```
<?php
    date_default_timezone_set("Asia/Shanghai");
    $t=date("H");
    if($t<"10")
        echo "Have a good morning!";
    elseif($t<"20")
        echo "Have a good day!";
    else
        echo "Have a good night!";
?>
```

1.11 Switch 语句

switch 语句用于基于不同条件执行不同动作。如果希望有选择地执行若干代码块之一，使用 Switch 语句可以避免冗长的 if...elseif...else 代码块。

语法：

```
switch(expression)
{
```

```
    case label1:
        code to be executed if expression=label1;
        break;
    case label2:
        code to be executed if expression=label2;
        break;
    default:
        code to be executed if expression is different from both label1 and label2;
}
```

工作原理：

（1）对表达式（通常是变量）进行一次计算；
（2）把表达式的值与结构中 case 的值进行比较；
（3）如果存在匹配，则执行与 case 关联的代码；
（4）代码执行后，break 语句阻止代码跳入下一个 case 中继续执行；
（5）如果没有 case 为真，则使用 default 语句。

```
<?php
    $favcolor="red";
    switch($favcolor)
    {
    case "red":
        echo "Your favorite color is red!";
        break;
    case "blue":
        echo "Your favorite color is blue!";
        break;
    case "green":
        echo "Your favorite color is green!";
        break;
    default:
        echo "Your favorite color is neither red, blue, or green!";
    }
?>
```

1.12 循环语句

在编写代码时，经常需要反复运行同一代码块，这里可以使用循环来执行这样的任务，而不是在脚本中添加若干几乎相等的代码行。在 PHP 中，有以下循环语句：

（1）while，只要指定条件为真，则循环代码块。
（2）do...while，先执行一次代码块，然后只要指定条件为真则重复循环。
（3）for，循环代码块指定次数。
（4）foreach，遍历数组中的每个元素并循环代码块。

1.12.1　while 循环

只要指定的条件为真，while 循环就会执行代码块。

语法：

```
while(条件为真)
{
    要执行的代码;
}
```

下例首先把变量$x 设置为 1（$x=1），然后只要$x 小于或等于 5 就执行 while 循环，循环每运行一次，$x 将递增 1：

```php
<?php
    $x=1;
    while($x<=5)
    {
        echo "这个数字是：$x<br>";
        $x++;
    }
?>
```

1.12.2　do...while 循环

do...while 循环首先会执行一次代码块，然后检查条件，如果指定条件为真，则重复循环。

语法：

```
do
{
    要执行的代码;
}while(条件为真);
```

下面的例子首先把变量$x 设置为 1（$x=1），然后，do while 循环输出一段字符串，接着对变量$x 递增 1，随后对条件进行检查（$x 是否小于或等于 5），只要$x 小于或等于 5，循环将会继续运行：

```php
<?php
    $x=1;
    do
    {
        echo "这个数字是：$x<br>";
```

```
        $x++;
    }while($x<=5);
?>
```

请注意，do while 循环只在执行循环内的语句之后才对条件进行测试，这意味着 do while 循环至少会执行一次语句，即使条件测试在第一次就失败了。下面的例子把$x 设置为 6，然后运行循环，随后对条件进行检查：

```
<?php
    $x=6;
    do
    {
        echo "这个数字是：$x<br>";
        $x++;
    }while($x<=5);
?>
```

1.12.3 for 循环

for 循环执行代码块指定的次数。如果已经提前确定脚本运行的次数，可以使用 for 循环。下面的例子显示了从 0 到 10 的数字：

```
<?php
    for($x=0;$x<=10;$x++)
    {
        echo "数字是$x<br>";
    }
?>
```

1.12.4 foreach 循环

foreach 循环只适用于数组，并用于遍历数组中的每个键/值对。
语法：
```
foreach($array as $key=>$value)
{
    Code to be executed;
}
```
每进行一次循环迭代，当前数组元素的键就会赋值给$key 变量，当前数组元素的值就会赋值给$value 变量，并且数组指针会逐一地移动，直到最后一个数组元素。下面的例子演示的循环将输出给定数组（$colors）的值：

```
<?php
    $colors=array("red", "green", "blue", "yellow");
    foreach($colors as $value)
```

```php
    {
        echo "$value<br>";
    }
?>
```
运行结果：
Red
Green
Blue
yellow

思考：若不用 foreach，用 for，如何改写程序？若要输出键呢，如何改写程序？

1.13 函 数

函数是可以在程序中重复使用的语句块，页面加载时函数不会立即执行，函数只有在被调用时才会执行。PHP 的真正力量来自它的函数，拥有超过 1 000 个内建的函数，除了内建的 PHP 函数，还可以创建用户自己的函数。

1.13.1 用户定义函数

用户定义的函数声明以关键字"function"开头：

function functionName()
{
    被执行的代码；
}

注释：

（1）函数名能够以字母或下划线开头（而非数字），通常，函数名应该能够反映函数所执行的任务。

（2）函数名对大小写不敏感。

在下面的例子中，我们创建名为"writeMsg()"的函数，打开的花括号"{"指示函数代码的开始，而关闭的花括号"}"指示函数的结束，此函数输出"Hello world!"。如需调用该函数，只要使用函数名即可：

```php
<?php
    function writeMsg()
    {
        echo "Hello world!";
    }
    writeMsg(); //调用函数
?>
```

1.13.2 函数参数

可以通过参数向函数传递信息。参数类似变量，被定义在函数名之后，括号内部。函数中可以添加任意多参数，只要用逗号隔开即可。下面的例子中的函数有一个参数（$fname）。当调用 familyName() 函数时，我们同时要传递一个名字（例如 Bill），这样会输出不同的名字，但是姓氏相同：

```php
<?php
function familyName($fname)
{
    echo "$fname Zhang.<br>";
}
familyName("Li");
familyName("Hong");
familyName("Tao");
familyName("Xiao Mei");
familyName("Jian");
?>
```

下面的例子中的函数有两个参数（$fname 和 $year）：

```php
<?php
function familyName($fname, $year)
{
    echo "$fname Zhang.Born in $year<br>";
}
familyName("Li", "1975");
familyName("Hong", "1978");
familyName("Tao", "1983");
?>
```

1.13.3 默认参数值

下面的例子展示了如何使用默认参数，如果我们调用没有参数的 setHeight() 函数，它的参数会取默认值：

```php
<?php
function setHeight($minheight=50)
{
    echo "The height is: $minheight<br>";
}
setHeight(350);
setHeight(); //将使用默认值 50
```

```
setHeight(135);
setHeight(80);
?>
```

1.13.4 返回值

如需使函数返回值，请使用 return 语句：

```
<?php
function sum($x，$y)
{
    $z=$x+$y;
    return $z."<br>";
}
echo "5+10=".sum(5，10);
echo "7+13=".sum(7，13);
echo "2+4=".sum(2，4);
?>
```

1.14 数　组

数组能够在单独的变量名中存储一个或多个值，数组是特殊的变量，它可以同时保存一个以上的值，如果你有一个项目列表（例如汽车品牌列表），在单个变量中存储这些品牌名称是这样的：

$cars1="Volvo";
$cars2="BMW";
$cars3="SAAB";

不过，假如希望对变量进行遍历并找出特定的那个值，或者如果需要存储 300 个汽车品牌，而不是 3 个呢？解决方法是创建数组！数组能够在单一变量名中存储许多值，并且你能够通过引用下标来访问某个值。

1.14.1 创建数组

在 PHP 中，array()函数用于创建数组。在 PHP 中，有三种数组类型：
（1）索引数组：带有数字索引的数组。
（2）关联数组：带有指定键的数组。
（3）多维数组：包含一个或多个数组的数组。

1.14.2 索引数组

在 PHP 中，有两种创建索引数组的方法，一种是自动分配（索引从 0 开始），例如：

```
$cars=array（"Volvo"，"BMW"，"SAAB"）;
```
另一种是手动分配，例如：
```
$cars[0]="Volvo";
$cars[1]="BMW";
$cars[2]="SAAB";
```
下面的例子创建名为$cars的索引数组，为其分配三个元素，然后输出包含数组值的一段文本：
```
<?php
    $cars=array("Volvo", "BMW", "SAAB");
    echo "I like $cars[0], $cars[1] and $cars[2].";
?>
```

1.14.3 count()函数

count()函数用于返回数组的长度（元素数），例如：
```
<?php
    $cars=array("Volvo", "BMW", "SAAB");
    echo count($cars);
?>
```

1.14.4 遍历索引数组

如需遍历并输出索引数组的所有值，可以使用 for 循环，就像这样：
```
<?php
    $cars=array("Volvo", "BMW", "SAAB");
    foreach($cars as $x)
        echo "$x<br>";
?>
```

1.14.5 关联数组

关联数组是使用用户分配给数组的指定键的数组，有两种创建关联数组的方法：
```
$age=array("Peter"=>"35", "Ben"=>"37", "Joe"=>"43");
```
或者：
```
$age['Peter']="35";
$age['Ben']="37";
$age['Joe']="43";
```
随后可以在脚本中使用指定键：
```
<?php
    $age=array("Peter"=>"35", "Ben"=>"37", "Joe"=>"43");
    echo "Peter is $age[Peter] years old.";
?>
```

关联数组应用于单词计数，十分方便（见图 1-1-15）：

```php
<?php
   $txt1='Hello world';
   $txt2='Hello hadoop';
   $arr1=split(' ', $txt1);//单词之间用空格分开
   $arr2=split(' ', $txt2);
   $arr=array_merge($arr1, $arr2);//合并数组
   foreach($arr as $x)
      $wordcount[$x]++;//在遍历的过程中计数
   print_r($wordcount);
?>
```

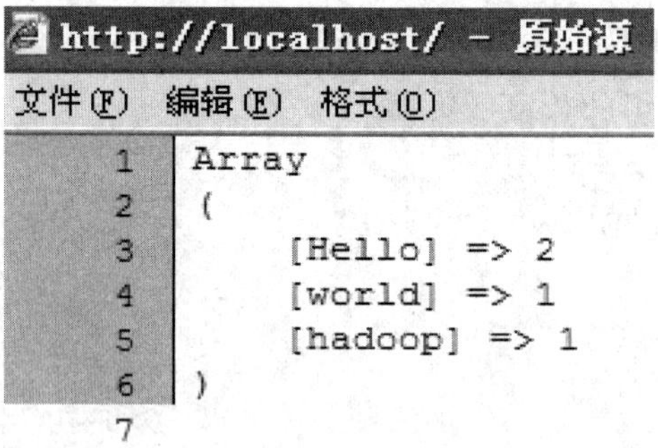

图 1-1-15　关联数组应用于单词计数

1.14.6　遍历关联数组

如需遍历并输出关联数组的所有值，你可以使用 foreach 循环，例如：

```php
<?php
   $age=array("Peter"=>"35", "Ben"=>"37", "Joe"=>"43");
   foreach($age as $key=>$value)
      echo "key=$key, value=$value <br>";
?>
```

若不用 foreach 循环，而用其他循环，情况如何？提示：

```php
<?php
   $age=array("Peter"=>"35", "Ben"=>"37", "Joe"=>"43");
   for($i=0;$i<count($age);$i++)
   {
      list($key, $value)=each($age);
      echo "key=$key, value=$value <br>";
   }
?>
```

1.15 数组排序

数组中的元素能够以字母或数字顺序进行升序或降序排序，在本节中，我们将学习几个 PHP 数组排序函数。

1.15.1 sort()函数

sort()函数以升序对数组排序。下面的例子按照字母升序对数组$cars 中的元素进行排序（见图 1-1-16）：

```
<?php
    $names=array("Tim", "Kay", "Eva", "Roy", "Dot", "Jon", "Kim");
    sort($names);
    print_r($names);
?>
```

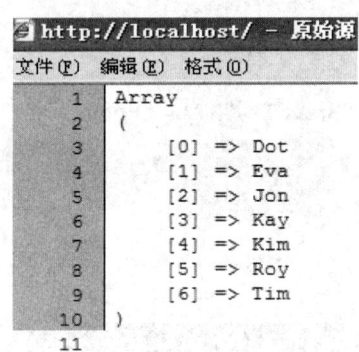

图 1-1-16　按照字母升序对数组$cars 排序

下面的例子按照数字升序对数组$numbers 中的元素进行排序（见图 1-1-17）：

```
<?php
    $numbers=array(503，87，512，61，908，170，897，275，653，426);
    sort($numbers);
    foreach($numbers as $x)
        echo $x.",　";
?>
```

61，87，170，275，426，503，512，653，897，908，

图 1-1-17　按照数字升序对数组$numbers 排序

1.15.2 rsort()函数

rsort()函数以降序对数组排序。下面的例子按照字母降序对数组$cars中的元素进行排序：
```php
<?php
  $cars=array("Volvo", "BMW", "SAAB");
  rsort($cars);
?>
```
下面的例子按照数字降序对数组$numbers中的元素进行排序：
```php
<?php
  $numbers=array(3, 5, 1, 22, 11);
  rsort($numbers);
  print_r($numbers);
?>
```

1.15.3 asort()函数

asort()函数根据值以升序对关联数组进行排序。下面的例子根据值（年龄）对关联数组进行升序排序：
```php
<?php
  $age=array("Bill"=>"35", "Steve"=>"37", "Peter"=>"43");
  asort($age);
  print_r($age);
?>
```
运行结果如图 1-1-18 所示。

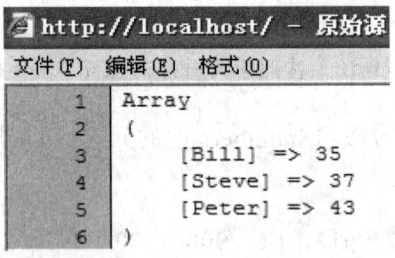

图 1-1-18　运行结果

显然年龄（值）35，37，43 按升序排好序，相应的姓名（键）Bill，Steve，Peter 就无序了。

1.15.4 ksort()函数

ksort()函数根据键以升序对关联数组进行排序。下面的例子根据键（字）对关联数组进行升序排序：
```php
<?php
  $word2count=array();
  while(($line=fgets(STDIN))!==false) //输入为 STDIN
```

```php
    {
        $line=trim($line); //移除多余的空白
        //每一行的格式为(字"tab"数字)，记录到($word, $count)
        list($word, $count)=explode(chr(9), $line);
        $count=intval($count); //转换格式 string->int
        if($count>0)
            $word2count[$word]+=$count; //求总的频数
    }//while
    ksort($word2count); //让 output 排列更完整
    foreach($word2count as $word=>$count)
    {
        echo $word, chr(9), $count, PHP_EOL; //将结果写到 STDOUT(standard output)
    }//foreach
?>
```

执行：C:\wamp\php>php.exe Reducer.php

输入：

Hello   1
world   1
Hello   1
hadoop   1
^Z

输出：

Hello   2
hadoop   1
world   1

显然字（键）Hello，hadoop，world 按升序排好序。

1.15.5　arsort()函数

arsort()函数根据值以降序对关联数组进行排序。下面的例子根据值对关联数组进行降序排序：

```php
<?php
    $age=array("Bill"=>"35", "Steve"=>"37", "Peter"=>"43");
    arsort($age);
    print_r($age);
?>
```

1.15.6　krsort()函数

krsort()函数根据键以降序对关联数组进行排序。下面的例子根据键对关联数组进行降序排序：

```php
<?php
  $age=array("Bill"=>"35", "Steve"=>"37", "Peter"=>"43");
  krsort($age);
  print_r($age);
?>
```

1.15.7　array_multisort()函数

array_multisort()函数对多个数组或多维数组进行排序。

例　返回一个升序排列的数组。

```php
<?php
  $a1=array("Dog", "Cat");
  $a2=array("Fido", "Missy");
  array_multisort($a1, $a2);
  print_r($a1);
  print_r($a2);
?>
```

运行结果（见图 1-1-19）：

图 1-1-19　运行结果

结果分析：

为了方便，我们用表来说明。首先，以第 1 个数组 $a1 作为第 1 列，第 2 个数组 $a2 作为第 2 列，构造一张表，如表 1-1-8 所示。然后按第 1 列排序，因为"Cat"<"Dog"，所以"Cat"所在的行排在"Dog"所在的行的前面，即数组 $2 的元素是捆绑在数组 $1 的相应元素上的，如表 1-1-9 所示。

表 1-1-8　排序前

$a1	$a2
Dog	Fido
Cat	Missy

表 1-1-9　排序后

$a1	$a2
Cat	Missy
Dog	Fido

例 当两个值相同时如何排序？

```php
<?php
  $a1=array("Dog", "Dog", "Cat");
  $a2=array("Pluto", "Fido", "Missy");
  array_multisort($a1, $a2);
  print_r($a1);
  print_r($a2);
?>
```

运行结果（见图 1-1-20）：

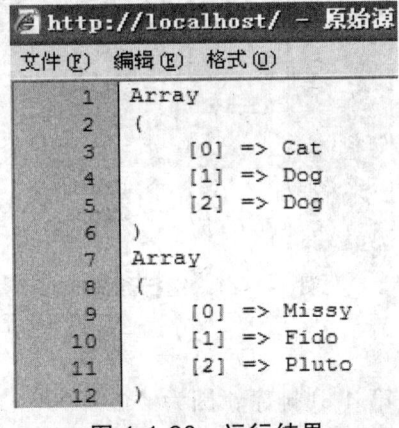

图 1-1-20　运行结果

结果分析：

如表 1-1-10 所示，首先按第 1 列排序，因为 "Cat" < "Dog"，所以 "Cat" 所在的行排在所有 "Dog" 所在的行的前面，如表 1-1-11 所示；因为 "Dog" = "Dog"，所以按第 2 列排序，因为 "Pluto" > "Fido"，所以 "Fido" 所在的行排在所有 "Pluto" 所在的行的前面，如表 1-1-12 所示。

表 1-1-10　排序前

$a1	$a2
Dog	Pluto
Dog	Fido
Cat	Missy

表 1-1-11　排序后

$a1	$a2
Cat	Missy
Dog	Pluto
Dog	Fido

表 1-1-12　排序后

$a1	$a2
Cat	Missy
Dog	Fido
Dog	Pluto

array_multisort()函数排序的特点：按列比较，按行移动，这和关系数据库按多列排序一样。实际使用时，我们用列来表示人或者物的各种特性，用行来描述一个人或者物。

例 使用排序参数：

```php
<?php
  $a1=array("Dog", "Dog", "Cat");
```

```
$a2=array("Pluto", "Fido", "Missy");
array_multisort($a1, SORT_ASC, $a2, SORT_DESC);
print_r($a1);
print_r($a2);
?>
```

运行结果（见图 1-1-21）：

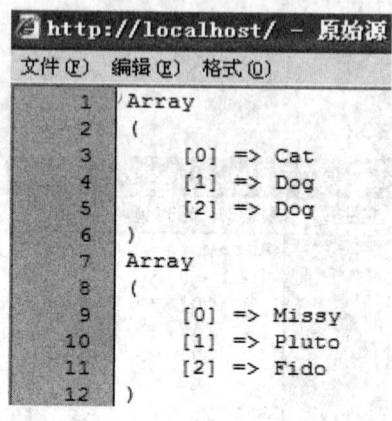

图 1-1-21　运行结果

结果分析：

如表 1-1-13 所示，首先按第 1 列排序，因为 "Cat" < "Dog"，排序方式是 SORT_ASC （升序，默认），所以 "Cat" 所在的行排在所有 "Dog" 所在的行的前面，如表 1-1-14 所示；因为 "Dog" = "Dog"，所以按第 2 列排序，因为 "Pluto" > "Fido"，排序方式是 SORT_DESC （降序），所以 "Pluto" 所在的行排在所有 "Fido" 所在的行的前面，如表 1-1-15 所示。

表 1-1-13　排序前

$a1	$a2
Dog	Pluto
Dog	Fido
Cat	Missy

表 1-1-14　排序后

$a1	$a2
Cat	Missy
Dog	Pluto
Dog	Fido

表 1-1-15　排序后

$a1	$a2
Cat	Missy
Dog	Pluto
Dog	Fido

1.16　超全局变量

超全局变量是在全部作用域中始终可用的内置变量，PHP 中的许多预定义变量都是 "超全局的"，这意味着它们在一个脚本的全部作用域中都可用。本节会介绍一些超全局变量，并会在稍后的章节讲解其他的超全局变量。

1.16.1 $GLOBALS

$GLOBALS 这种全局变量用于 PHP 脚本中的任意位置访问全局变量，PHP 在名为 $GLOBALS 的数组中存储了所有全局变量，变量的名字就是数组的键。下面的例子展示了如何使用超级全局变量$GLOBALS。

```php
<?php
    $x=75; //全局变量
    $y=25; //全局变量
    $z=0; //全局变量
    function addition()
    {
        $x=1; //局部变量
        $y=2; //局部变量
        $z=0; //局部变量
        $z=$x+$y;
        $GLOBALS[z]=$GLOBALS[x]+$GLOBALS[y];
        echo $x; //局部变量，1
        echo $y; //局部变量，2
        echo $z; //局部变量，3
    }
    addition();
    echo $x; //全局变量，75
    echo $y; //全局变量，25
    echo $z; //全局变量，100
?>
```

在上面的例子中，由于 z 是$GLOBALS 数组中的变量，因此在函数之外也可以访问它。我们也可以使用 global：

```php
<?php
    $x=75;
    $y=25;
    function addition()
    {
        global $x, $y, $z; //声明$x, $y, $z 为全局变量
        $z=$x+$y;
    }
    addition();
    echo $z;
?>
```

用函数也可以：

```php
<?php
    function addition($x, $y, &$z) //$z 为引用型参数
    {
        $z=$x+$y;
    }
    $x=75;
    $y=25;
    addition($x, $y, $z);
    echo $z;
?>
```

1.16.2 $_SERVER

$_SERVER 这种超全局变量保存关于报头、路径和脚本位置的信息，下面的例子展示了如何使用$_SERVER 中的某些元素：

```php
<?php
    echo "$_SERVER[PHP_SELF]<br>"; //返回当前执行脚本的文件名
    echo "$_SERVER[SERVER_NAME]<br>"; //返回当前运行脚本所在的服务器的主机名
    echo "$_SERVER[HTTP_HOST]<br>"; //返回来自当前请求的 Host 头
    echo "$_SERVER[SCRIPT_NAME]"; //返回当前脚本的路径
?>
```
$_SERVER[PHP_SELF]相当于$GLOBALS[_SERVER][PHP_SELF]。

1.16.3 $_REQUEST

$_REQUEST 用于收集 HTML 表单提交的数据。下面的例子展示了一个包含输入字段及提交按钮的表单，当用户通过点击提交按钮来提交表单数据时，表单数据将发送到<form>标签的 action 属性中指定的脚本文件，在这个例子中，指定文件本身来处理表单数据，如果需要使用其他的 PHP 文件来处理表单数据，请修改为需要选择的文件名即可，然后，我们可以使用超级全局变量$_REQUEST 来收集 input 字段的值：

```html
<html>
    <body>
        <form method="post" action="<?php echo $_SERVER[PHP_SELF];?>">
            姓名：<input type="text" name="fname">
            <input type="submit">
        </form>
        <?php
            $name=$_REQUEST[fname]; //用$_POST[fname]也可以。
            echo $name;
        ?>
    </body>
</html>
```

1.16.4 $_POST

$_POST 广泛用于收集提交 method="post" 的 HTML 表单后的表单数据和传递变量。下面的例子展示了一个包含输入字段和提交按钮的表单，当用户点击提交按钮来提交数据后，表单数据会发送到<form>标签的 action 属性中指定的文件，在本例中，我们指定文件本身来处理表单数据，如果希望使用另一个 PHP 页面来处理表单数据，请更改为需要选择的文件名，然后，使用超全局变量$_POST 来收集输入字段的值：

```
<form method="post" action="<?php echo $_SERVER[PHP_SELF];?>">
    姓名：<input type="text" name="fname">
    <input type="submit">
</form>
<?php
    $name=$_POST[fname]; //用 $_REQUEST[fname]也可以。
    echo $name;
?>
```

1.16.5 $_GET

$_GET 也可用于收集提交 HTML 表单（method="get"）之后的表单数据，也可以收集 URL 中的发送的数据。假设我们有一张页面含有带参数的超链接：

```
<a href="test_get.php?subject=PHP&web=W3school.com.cn&sid=<?php echo rand()?>">测试$_GET</a>
<!--参数 sid 的值是用 PHP 的 rand()函数产生的一个随机数，每次都在变，防止缓存。-->
```

当用户点击链接"测试$_GET"，参数"subject"和"web"被发送到"test_get.php"，然后就能够通过$_GET 在"test_get.php"中访问这些值了，下面是"test_get.php"中的代码：

```
<?php
    echo "Study $_GET[subject] at $_GET[web]"; //用 $_REQUEST 也可以,用 $_POST 不可以。
?>
```

1.17 正则表达式

正则表达式如表 1-1-16 所示。

表 1-1-16 正则表达式

正则字符	正则解释
\	将下一个字符标记为一个特殊字符、或一个原义字符、或一个向后引用、或一个八进制转义符。例如，"\n"匹配字符"n"，"\\n"匹配一个换行符，序列"\\"匹配"\"而"\("则匹配"("
^	匹配输入字符串的开始位置。如果设置了 RegExp 对象的 Multiline 属性,^也匹配"\n"或"\r"之后的位置

续表

正则字符	正则解释
$	匹配输入字符串的结束位置。如果设置了 RegExp 对象的 Multiline 属性，$也匹配"\n"或"\r"之前的位置
*	匹配前面的子表达式零次或多次。例如，zo*能匹配"z"以及"zoo"。*等价于{0, }
+	匹配前面的子表达式一次或多次。例如，"zo+"能匹配"zo"以及"zoo"，但不能匹配"z"。+等价于{1, }
?	匹配前面的子表达式零次或一次。例如，"do（es）?"可以匹配"does"或"does"中的"do"。?等价于{0, 1}
{n}	n是一个非负整数。匹配确定的n次。例如，"o{2}"不能匹配"Bob"中的"o"，但是能匹配"food"中的两个o
{n, }	n是一个非负整数，至少匹配n次。例如，"o{2, }"不能匹配"Bob"中的"o"，但能匹配"fooood"中的所有o。"o{1, }"等价于"o+"。"o{0, }"则等价于"o*"
{n, m}	m和n均为非负整数，其中n<=m。最少匹配n次且最多匹配m次。例如，"o{1, 3}"将匹配"fooooood"中的前三个o。"o{0, 1}"等价于"o?"。请注意在逗号和两个数之间不能有空格
?	当该字符紧跟在任何一个其他限制符*，+，?，{n}，{n, }，{n, m}后面时，匹配模式是非贪婪的。非贪婪模式尽可能少地匹配所搜索的字符串，而默认的贪婪模式则尽可能多地匹配所搜索的字符串。例如，对于字符串"oooo"，"o?"将匹配单个"o"，而"o+"将匹配所有"o"
.点	匹配除"\n"之外的任何单个字符。要匹配包括"\n"在内的任何字符，请使用像"[\s\S]"的模式
（pattern）	匹配 pattern 并获取这一匹配。所获取的匹配可以从产生的 Matches 集合得到，在 VBScript 中使用 SubMatches 集合，在 JScript 中则使用$0…$9 属性。要匹配圆括号字符，请使用"\（"或"\）"
（?:pattern）	匹配 pattern 但不获取匹配结果，也就是说这是一个非获取匹配，不进行存储供以后使用。这在使用|字符来组合一个模式的各个部分是很有用。例如 industr（?:y|ies）就是一个比 industry|industries 更简略的表达式
（?=pattern）	正向肯定预查,在任何匹配pattern的字符串开始处匹配查找字符串。这是一个非获取匹配，也就是说，该匹配不需要获取供以后使用。例如，"Windows（?=95|98|NT|2000）"能匹配"Windows2000"中的"Windows"，但不能匹配"Windows3.1"中的"Windows"。预查不消耗字符，也就是说，在一个匹配发生后，在最后一次匹配之后立即开始下一次匹配的搜索，而不是从包含预查的字符之后开始
（?!pattern）	正向否定预查，在任何不匹配pattern的字符串开始处匹配查找字符串。这是一个非获取匹配，也就是说，该匹配不需要获取供以后使用。例如"Windows（?!95|98|NT|2000）"能匹配"Windows3.1"中的"Windows"，但不能匹配"Windows2000"中的"Windows"
（?<=pattern）	反向肯定预查，与正向肯定预查类似，只是方向相反。例如，"（?<=95|98|NT|2000）Windows"能匹配"2000Windows"中的"Windows"，但不能匹配"3.1Windows"中的"Windows"
（?<!pattern）	反向否定预查，与正向否定预查类似，只是方向相反。例如"（?<!95|98|NT|2000）Windows"能匹配"3.1Windows"中的"Windows"，但不能匹配"2000Windows"中的"Windows"
x|y	匹配x或y。例如，"z|food"能匹配"z"或"food"。"（z|f）ood"则匹配"zood"或"food"

续表

正则字符	正则解释
[xyz]	字符集合。匹配所包含的任意一个字符,例如,"[abc]"可以匹配"plain"中的"a"
[^xyz]	负值字符集合。匹配未包含的任意字符,例如,"[^abc]"可以匹配"plain"中的"plin"
[a-z]	字符范围。匹配指定范围内的任意字符。例如,"[a-z]"可以匹配"a"到"z"范围内的任意小写字母字符。注意:只有连字符在字符组内部时,并且出现在两个字符之间时,才能表示字符的范围;如果在字符组的开头,则只能表示连字符本身
[^a-z]	负值字符范围。匹配任何不在指定范围内的任意字符。例如,"[^a-z]"可以匹配任何不在"a"到"z"范围内的任意字符
\b	匹配一个单词边界,也就是指单词和空格间的位置。 例如,"er\b"可以匹配"never"中的"er",但不能匹配"verb"中的"er"
\B	匹配非单词边界。"er\B"能匹配"verb"中的"er",但不能匹配"never"中的"er"
\cx	匹配由 x 指明的控制字符。例如,\cM 匹配一个 Control-M 或回车符。 x 的值必须为 A-Z 或 a-z 之一,否则,将 c 视为一个原义的"c"字符
\d	匹配一个数字字符。等价于[0-9]
\D	匹配一个非数字字符。等价于[^0-9]
\f	匹配一个换页符。等价于\x0c 和\cL
\n	匹配一个换行符。等价于\x0a 和\cJ
\r	匹配一个回车符。等价于\x0d 和\cM
\s	匹配任何空白字符,包括空格、制表符、换页符等,等价于[\f\n\r\t\v]
\S	匹配任何非空白字符。等价于[^\f\n\r\t\v]
\t	匹配一个制表符。等价于\x09 和\cI
\v	匹配一个垂直制表符。等价于\x0b 和\cK
\w	匹配包括下划线的任何单词字符。等价于"[A-Za-z0-9_]"
\W	匹配任何非单词字符。等价于"[^A-Za-z0-9_]"
\xn	匹配 n,其中 n 为十六进制转义值。十六进制转义值必须为确定的两个数字长。例如,"\x41"匹配"A"。"\x041"则等价于"\x04&1"。正则表达式中可以使用 ASCII 编码
\num	匹配 num,其中 num 是一个正整数,对所获取的匹配的引用。例如,"(.)\1"匹配两个连续的相同字符
\n	标识一个八进制转义值或一个向后引用。如果\n 之前至少 n 个获取的子表达式,则 n 为向后引用。否则,如果 n 为八进制数字(0-7),则 n 为一个八进制转义值
\nm	标识一个八进制转义值或一个向后引用。如果\nm 之前至少有 nm 个获得子表达式,则 nm 为向后引用;如果\nm 之前至少有 n 个获取,则 n 为一个后跟文字 m 的向后引用;如果前面的条件都不满足,若 n 和 m 均为八进制数字(0-7),则\nm 将匹配八进制转义值 nm
\nml	如果 n 为八进制数字(0-7),且 m 和 l 均为八进制数字(0-7),则匹配八进制转义值 nml
\un	匹配 n,其中 n 是一个用四个十六进制数字表示的 Unicode 字符。例如,\u00A9 匹配版权符号(©)

上表是正则表达式比较全面的解释，而商标中的正则字符都有特殊含义，已经不再代表原字符含义。如正则表达式中"+"不代表加号，而是代表匹配一次或多次。而如果想要让"+"表示加号，则需要在其前面加上"\"转义，也就是用"\+"表示加号。

也就是说所有正则字符都有特定含义，如果需要再用来表示原字符含义，就需要在前面加"\"转义，即使非正则字符，用"\"转义也是没有问题的。1+1=2 正则表达式也可以是：\1\+\1\=\2 对所有字符都转义，但是这种不建议使用。

preg_replace()正则替换，与Javascript正则替换不同，preg_replace()默认就是替换所有符号匹配条件的元素。需要用程序处理的数据并不总是预先以数据库思维设计的，或者说是无法用数据库的结构去存储的。比如模板引擎解析模板、垃圾敏感信息过滤等。一般这种情况，需要用正则按制定的规则去匹配 preg_match、替换 preg_replace。但一般的应用中，无非是些数据库 CRUD，正则摆弄的机会很少。根据前面说的两种场景：统计分析，用匹配；处理用替换。

1.17.1 正则表达式定界符

大多数语言的正则表达式都是由"/"作为定界符的，而在 PHP 中，还可以使用"#"定界，如果字符串中包含大量"/"字符，在使用"/"定界的时候，就需要对这些"/"转义，而使用"#"就不需要转义，更简洁。

<?php

　　$w='W3CSchool 在线教程的网址是 http://www.jb51.net/，你能把这个网址替换成正确的网址吗？';

　　//上面的要求就是把 http://www.jb51.net/替换成 http://www.w3school.com.cn/

　　//:.都是正则符号，所以需要转义，而/是定界符，如果字符串中包含/定界符，就需要转义

　　echo preg_replace('/http\:\/\/www\.jb51\.net\//', 'http://www.w3school.com.cn/', $w), "<br>";

　　//在#作为定界符，/就不再是定界符的含义，就不需要转义了。

　　echo preg_replace('#http\://www\.jb51\.net/#', 'http://www.w3school.com.cn/', $w);

　　//上面两条输出结果都一样，W3CSchool 在线教程的网址是 http://www.w3school.com.cn/，你能把这个网址替换成正确的网址吗？

?>

通过上面的两条 PHP 正则替换代码可以发现，如果正则语句中包含大量"/"，无论使用"/"还是"#"作定界符都是可以的，但是使用"#"能让代码看起来更简洁。但是建议还是保持使用"/"作为定界符，因为在 Javascript 等语言中，只能使用"/"作为定界符，这样写起来可以形成习惯，贯通于其他语言中。

1.17.2 正则表达式修饰符

修饰符被放在 PHP 正则表达式定界符"/"尾部，在正则表达式尾部引号之前，如表 1-1-17 所示。

表 1-1-17 正则表达式修饰符

i	忽略大小写，匹配不考虑大小写
m	多行独立匹配，如果字符串不包含\n等换行符就和普通正则一样
s	设置正则符号.可以匹配换行符\n，如果没有设置，正则符号.不能匹配换行符\n
x	忽略没有转义的空格
e	eval()对匹配后的元素执行函数
A	前置锚定，约束匹配仅从目标字符串开始搜索
D	锁定$作为结尾，如果没有D，或者字符串包含\n等换行符，$依旧匹配换行符；如果设置了修饰符m，修饰符D就会被忽略
S	对非锚定的匹配进行分析
U	非贪婪，如果在正则字符量词后加"?"，就可以恢复贪婪
X	打开与perl不兼容附件
u	强制字符串为UTF-8编码，一般在非UTF-8编码的文档中才需要这个。建议UTF-8环境中不要使用这个，据调查使用这个会有一个Bug

如果您熟悉Javascript的正则表达式，或许一定熟悉Javascript正则表达式的修饰符"g"，代表匹配所有符合条件的元素。而在PHP正则替换中，是匹配所有符号条件的元素，所以不存在Javascript修饰符"g"。

PHP正则中文和忽略大小写 PHP preg_replace()是区分大小写的，同时只能匹配ASCII编码内的字符串，如果需要匹配不区分大小写和中文等字符，需要添加相应的修饰符i或u。

```
<?php
$w='W3School在线教程网址：http://www.jb51.net/w3school/';
echo preg_replace('/W3School/', 'w3c', $w), "<br>";
//大小写不同，输出w3c在线教程网址：http://www.jb51.net/w3school/
echo preg_replace('/W3School/i', 'w3c', $w), "<br>";
//忽略大小写，执行替换输出w3c在线教程网址：http://e.jb51.net/w3c/
echo preg_replace('/网址/u', '', $w);
//强制UTF-8中文执行替换，输出W3School在线教程：http://www.jb51.net/w3school/
?>
```

大小写和中文在PHP中都是敏感的，但是在Javascript正则中，只对大小写敏感，忽略大小写也是通过修饰符i作用的，但是Javascript不需要告知是否是UTF-8中文等特殊字符，直接可以匹配中文。

1.17.3 正则换行符实例

PHP正则表达式在遇到换行符时，会将换行符当作字符串中间一个普通字符。而通用符号.不能匹配\n，所以遇到带有换行符的字符串正则会有很多要点。

```php
<?php
    $w="jb51.net\nIS\nLOVING\nYOU";
    //想要把上面$w 替换成 jb51.net
    //echo preg_replace('/^[A-Z].*[A-Z]$/', '', $w), "<br>";
    //这个正则表达式是，匹配只包含\w 的元素，$w 是以 j 开头，符合[A-Z]，而且结尾是 U，也符合[A-Z]。.无法匹配\n
    //输出 jb51.net IS LOVEING YOU
    //echo preg_replace('/^[A-Z].*[A-Z]$/s', '', $w), "<br>";
    //这个用修饰符 s，也就是.可以匹配\n 了，所以整句匹配，输出空
    //echo preg_replace('/^[A-Z].*[A-Z]$/m', '', $w), "<br>";
    //这里使用了修饰符，将\n 作为多行独立匹配。也就等价于：

    $preg_m=preg_replace('/^[A-Z].*[A-Z]$/m', '', $w);
    $p='/^[A-Z].*[A-Z]$/';
    $a=preg_replace($p, '', 'jb51.net');
    $b=preg_replace($p, '', 'IS');
    $c=preg_replace($p, '', 'LOVING');
    $d=preg_replace($p, '', 'YOU');
    $preg_m===$a.$b.$c.$d;
    //输出 jb51.net
?>
```

以后在使用 PHP 抓取某个网站内容并用正则批量替换的时候，总无法避免忽略获取的内容包含换行符，所以在使用正则替换的时候一定要注意。

PHP 正则匹配执行函数 PHP 正则替换可以使用一个修饰符 e，代表 eval()来执行匹配后的内容某个函数。

```php
<?php
    $w='W3School 在线教程网址：http://www.jb51.net，你 Jbzj!了吗？';
    //将上面网址转为小写
    echo preg_replace('/(http\:[\/\w\.\-]+\/)/e', 'strtolower("$1")', $w);
    //使用修饰符 e 之后，就可以对匹配的网址执行 PHP 函数 strtolower()了
    //输出 W3School 在线教程网址：http://www.jb51.net，你 Jbzj!了吗？
?>
```

根据上面代码，尽管匹配后的函数 strtolower()在引号内，但是依旧会被 eval()执行。

1.17.4 正则替换匹配变量向后引用

在 PHP 中，可以使用$1, \1, \\1 来表示向后引用。向后引用的概念就是匹配一个大片段，这个正则表达式内部又被用括号切割成若干小匹配元素，那么每个匹配元素就被按照小括号序列用向后引用代替。

```php
<?php
$w='W3School在线教程网址：http://www.jb51.net,你Jbzj!了吗？';
echo preg_replace('/.+(http\:[\w\-\/\.]+)[^\w\-\!]+([\w\-\!]+).+/','$1<br>',$w);
echo preg_replace('/.+(http\:[\w\-\/\.]+)[^\w\-\!]+([\w\-\!]+).+/','\1<br>',$w);
echo preg_replace('/.+(http\:[\w\-\/\.]+)[^\w\-\!]+([\w\-\!]+).+/','\\1<br>',$w);
//上面三个都是输出 http://www.jb51.net
echo preg_replace('/^(.+)网址：(http\:[\w\-\/\.]+)[^\w\-\!]+([\w\-\!]+).+$/','栏目：$1<br>网址：$2<br>商标：$3',$w);
/*
    栏目：W3CSchool在线教程
    网址：http://www.jb51.net
    商标：Jbzj!
*/
//括号中括号，外面括号先计数
echo preg_replace('/^((.+)网址：(http\:[\w\-\/\.]+)[^\w\-\!]+([\w\-\!]+).+)$/','原文：$1<br>栏目：$2<br>网址：$3<br>商标：$4',$w);
/*
    原文：W3CSchool在线教程网址：http://www.jb51.net,你Jbzj!了吗？
    栏目：W3CSchool在线教程
    网址：http://www.jb51.net
    商标：Jbzj!
*/
?>
```

模板页面标签正则替换，模板页面home.html，使用HTML注释<!---->定义模板：

```
<!--{template 'common_header'}-->
<!--{$view_news}-->
<!--{template 'common_footer'}-->
```

标签正则替换：① 注释模式：<!--{.+}-->；② 特殊符号转义：\<\!\-\-\{.+\}\-\-\>；③ 存储注释内容：\<\!\-\-\{(.+)\}\-\-\>；④引用注释内容：\\1。

```php
<?php
$template=file_get_contents('C:\wamp\www\home.html');
$template=preg_replace("/\<\!\-\-\{(.+)\}\-\-\>/", "{\\1}", $template);
var_dump($template);
?>
```

处理结果$template：

{template 'common_header'}
{$view_news}
{template 'common_footer'}

1.18 习　题

一、单选题

1. 运行以下代码将显示什么？（　　）
```
<?php
  define(myvalue, 10);
  $myarray[10]="Dog";
  $myarray[]="Human";
  $myarray['myvalue']="Cat";
  $myarray[Dog]="Cat";
  print "The value is : ";
  print $myarray[myvalue]."\n";
?>
```

A. The value is：Dog

B. The value is：Cat

C. The value is：Human

D. The value is：10

2. 以下代码哪个不符合PHP语法？（　　）

A. $_10

B. &$something

C. $10_somethings

D. $aVaR

3. PHP表达式$foo=1+"bob3"，则$foo的值是（　　）。

A. 1

B. 1bob3

C. 1b

D. 92

4. PHP的位运算符不包括（　　）。

A. &

B. |

C. ~

D. !

5. 关于PHP变量的说法正确的是（　　）。

A. PHP是一种强类型语言

B. PHP变量声明时需要指定其变量的类型

C. PHP变量声明时在变量名前面使用的字符是"&"

D. PHP变量使用时，上下文会自动确定其变量的类型

6. 假设$a=5，有$a+=2，则$a 的值为（   ）。

A. 5

B. 6

C. 7

D. 8

7. 在 PHP 中属于比较运算符的是（   ）。

A. =

B. !

C. ==

D. &

8. 下列命令中不是 PHP 的输出命令的是（   ）。

A. echo

B. printf()

C. print

D. write

9. PHP 中定义常量的方法是（   ）。

A. VAR

B. dim

C. define()

D. undefined()

10. 有下列 PHP 语句段，

```
<?php
  if（$a）
     print "true";
  else
     print "false";
?>
```

若要输出"false"，$a 应该是（   ）。

A. 10

B. –3

C. TRUE

D. 0

11. 已知$g=14，则 PHP 表达式$h=$g+=10，运算后的结果是（   ）。

A. $h=$g=24

B. $h=10，$g=24

C. $h=10，$g=14

D. $h=24，$g=10

12. print()和 echo()有什么区别？（   ）

A. print()能作为表达式的一部分，echo()不能

B. echo()能作为表达式的一部分，print()不能

C. echo()能在 CLI（命令行）版本的 PHP 中使用，print()不能
D. print()能在 CLI（命令行）版本的 PHP 中使用，echo()不能
E. 没有区别：两个函数都打印文本

13. 如何给变量$a，$b 和$c 赋值才能使以下脚本显示字符串"Hello，World!"？（　　）

```php
<?php
  $string="Hello，World!";
  $a=? ;
  $b=? ;
  $c=? ;
  if($a)
  {
    if($b && !$c)
    {
      echo "Goodbye Cruel World!";
    }
    elseif(!$b && !$c)
    {
      echo "Nothing here";
    }
  }
  else
  {
    if(!$b)
    {
      if(!$a && (!$b && $c))
      {
        echo "Hello，World!";
      }
      else
      {
        echo "Goodbye World!";
      }
    }
    else
    {
      echo "Not quite.";
    }
  }
?>
```

A. False，True，False
B. True，True，False
C. False，True，True
D. False，False，True
E. True，True，True

14. 以下脚本输出什么？（　　）

```php
<?php
  $array='0123456789ABCDEFG';
  $s='';
  for($i=1;$i<50;$i++)
  {
    $s.=$array[rand(0，strlen($array)-1)];
  }
  echo $s;
?>
```

A. 50个随机字符组成的字符串

B. 49个相同字符组成的字符串，因为没有初始化随机数生成器

C. 49个随机字符组成的字符串

D. 什么都没有，因为$array不是数组

E. 49个字母'G'组成的字符串

15. 哪种语句结构用来表现以下条件判断最合适？（　　）

```php
<?php
  if（$a=='a'）
  {
    somefunction();
  }
  elseif（$a=='b'）
  {
    anotherfunction();
  }
  elseif（$a=='c'）
  {
    dosomething();
  }
  else
  {
    donothing();
  }
?>
```

A. 没有 default 的 switch 语句
B. 一个递归函数
C. while 语句
D. 无法用别的形式表现该逻辑
E. 有 default 的 switch 语句

16. 考虑如下代码片段：

```php
<?php
  define("STOP_AT", 1024);
  /*在此处填入代码*/
  {
    $result[]=$idx;
  }
  print_r($result);
?>
```

标记处填入什么代码才能产生如下数组输出？（   ）

```
Array
(
    [0] => 1
    [1] => 2
    [2] => 4
    [3] => 8
    [4] => 16
    [5] => 32
    [6] => 64
    [7] => 128
    [8] => 256
    [9] => 512
)
```

A. foreach（$result as $key=>$val）
B. while（$idx*=2）
C. for（$idx=1;$idx<STOP_AT;$idx*=2）
D. for（$idx*=2;STOP_AT>=$idx;$idx=0）
E. while（$idx<STOP_AT）do $idx*=2

17. （   ）为用户定义函数 is_leap() 选择一个合适的函数声明。is_leap 使用 2 000 作为默认年份。

```php
<?php
  /*函数声明处*/
  {
    $is_leap=(!($year % 4) && (($year % 100) || !($year % 400)));
```

```
        return $is_leap;
    }
    var_dump（is_leap（1987））;
    /*Displays false*/
    var_dump（is_leap()）;
    /*Displays true*/
?>
```

A. function is_leap（$year=2000）

B. is_leap（$year default 2000）

C. function is_leap（$year default 2000）

D. function is_leap（$year）

E. function is_leap（2000=$year）

18. 运行以下代码将显示什么值？假设代码运行时的 URL 是：http：//localhost/index.php?c=25（   ）

```
<?php
    function process（$c，$d=25）
    {
        $retval=$c+$d-$_REQUEST['c']-$GLOBALS["e"];
        return $retval;
    }
    $e=10;
    echo process（5）;
?>
```

A. 25

B. -5

C. 10

D. 5

E. 0

19. 全等运算符===如何比较两个值？（   ）

A. 把它们转换成相同的数据类型再比较转换后的值

B. 只在两者的数据类型和值都相同时才返回 True

C. 如果两个值是字符串，则进行词汇比较

D. 基于 strcmp 函数进行比较

E. 把两个值都转换成字符串再比较

20. 一段脚本如何才算彻底终止？（   ）

A. 当调用 exit()时

B. 当执行到文件结尾时

C. 当 PHP 崩溃时

D. 当 Apache 由于系统故障而终止时

21. PHP中调用某一个对象的方法或属性使用的运算符是（   ）。

A. =>

B. ->

C. .

D. ~

22. 在PHP5中如何让类中的某些方法无法在类的外部被访问？（   ）

A. 把类声明为 private

B. 把方法声明为 private

C. 无法实现

D. 编写合适的重载方法（overloading method）

23. 借助继承，我们可以创建其他类的派生类。那么在PHP中，子类最多可以继承几个父类？（   ）

A. 1个

B. 2个

C. 取决于系统资源

D. 3个

E. 想要几个有几个

24. 一个类如何覆盖默认的序列化机制？（   ）

A. 使用__shutdown 和 __startup 方法

B. 调用 register_shutdown_function()函数

C. 使用__sleep()和__wakeup()方法

D. 无法覆盖默认序列化机制

E. 使用 ob_start()将类放入输出缓冲中

25. 如何在类的内部调用 mymethod 方法？（   ）

A. $self=>mymethod();

B. $this->mymethod();

C. $current->mymethod();

D. $this::mymethod()

E. 以上都不对

26. 以下脚本输出什么？（   ）

```
<?php
  class my_class
  {
    var $my_var;
    function my_class（$value）
    {
      $this->my_var=$value;
    }
  }
```

```
$a=new my_class（10）;
    echo $a->my_var;
?>
```

A. 10

B. Null

C. Empty

D. 什么都没有

E. 一个错误

27. 以下脚本输出什么？（   ）

```
<?php
    $global_obj=null;
    class my_class
    {
        var $value;
        function my_class()
        {
            global $global_obj;
            $global_obj=&$this;
        }
    }
    $a=new my_class;
    $a->my_value=5;
    $global_obj->my_value=10;
    echo $a->my_value;
?>
```

A. 5

B. 10

C. 什么都没有

D. 构造函数将报错

E. 510

28. 以下代码是做什么的？（   ）

```
<?php
    require_once（"myclass.php"）;
    myclass::mymethod();
?>
```

A. 静态调用 mymethod 方法

B. 生成 myclass 的实例并调用 mymethod 方法

C. 产生一个语法错误

D. 默认 myclass 类最后被创建出的实例并调用 mymethod()
E. 调用名为 myclass::mymethod()的函数

29. 以下脚本输出什么？（   ）

```php
<?php
  class a
  {
    function a（$x=1）
    {
      $this->myvar=$x;
    }
  }
  class b extends a
  {
    var $myvar;
    function b（$x=2）
    {
      $this->myvar=$x;
      parent::a();
    }
  }
  $obj=new b;
  echo $obj->myvar;
?>
```

A. 1
B. 2
C. 一个错误，因为没有定义 a::$myvar
D. 一个警告，因为没有定义 a::$myvar
E. 什么都没有

30. 以下脚本输出什么？（   ）

```php
<?php
  class a
  {
    function a()
    {
      echo 'Parent called';
    }
  }
  class b
  {
```

```
        function b()
        {
        }
    }
    $c=new b();
?>
```

A. Parent called

B. 一个错误

C. 一个警告

D. 什么都没有

31. 能读取索引为 user 的 session 的是（   ）。

A. SESSION["user"];

B. $_SESSION["user"];

C. $_SESSION->get（"user"）;

D. Session.Values["user"];

32. 在 HTTPS 下，URL 和查询字串（query string）是如何从浏览器传到 Web 服务器上的？（   ）

A. 这两个是明文传输，之后的信息加密传输

B. 加密传输

C. URL 明文传输，查询字串加密传输

D. URL 加密传输，查询字串明文传输

E. 为确保加密，查询字串将转换为 header，夹在 POST 信息中传输

33. 当把一个有两个同名元素的表单提交给 PHP 脚本时会发生什么？（   ）

A. 它们组成一个数组，存储在超级全局变量数组中

B. 第二个元素的值加上第一个元素的值后，存储在超级全局变量数组中

C. 第二个元素将覆盖第一个元素

D. 第二个元素将自动被重命名

E. PHP 输出一个警告

34. 如何把数组存储在 cookie 里？（   ）

A. 给 cookie 名添加一对方括号[]

B. 使用 implode 函数

C. 不可能，因为有容量限制

D. 使用 serialize 函数

E. 给 cookie 名添加 ARRAY 关键词

35. Php 当中"."是什么作用?（   ）。

A. 连接字符串

B. 匹配符

C. 赋值

D. 换行

36. 使用（　　）函数可以求得数组的大小。

A. count()

B. conut()

C. $_COUNT["名称"]

D. $_CONUT["名称"]

37. 以下代码运行结果（　　）。

```
<?php
    $A=array（"Monday"，"Tuesday"，3=>"Wednesday"）；
    echo $A[2];
?>
```

A. Monday

B. Tuesday

C. Wednesday

D. 没有显示

38. 在 str_replace（1，2，3）函数中 123 所代表的名称是（　　）。

A. "取代字符串"，"被取代字符串"，"来源字符串"

B. "被取代字符串"，"取代字符串"，"来源字符串"

C. "来源字符串"，"取代字符串"，"被取代字符串"

D. "来源字符串"，"被取代字符串"，"取代字符串"

39. 索引数组的键是＿＿＿＿，关联数组的键是＿＿＿＿。（　　）

A. 浮点，字符串

B. 正数，负数

C. 偶数，字符串

D. 字符串，布尔值

E. 整型，字符串

40. 考虑如下数组，怎样才能从数组$multi_array中找出值cat？（　　）

```
<?php
    $multi_array=array（"red"，"green"，42=>"blue"，"yellow"=>array（"apple"，9=>"pear"，"banana"，"orange"=>array（"dog"，"cat"，"iguana"）））；
?>
```

A. $multi_array['yellow']['apple'][0]

B. $multi_array['blue'][0]['orange'][1]

C. $multi_array[3][3][2]

D. $multi_array['yellow']['orange']['cat']

E. $multi_array['yellow']['orange'][1]

41. 运行以下脚本后，数组$array的内容是什么？（　　）

```
<?php
    $array=array（'1'，'1'）；
    foreach（$array as $k=>$v）
```

```
    {
        $v=2;
    }
?>
```
A. array（'2', '2'）

B. array（'1', '1'）

C. array（2, 2）

D. array（Null, Null）

E. array（1, 1）

42. 下面程序运行的结果为（　　）。
```
<?php
    $a=array（"a", "b", "c", "d"）;
    $index=array_search（"a", $a）;
    if（$index==false）
        echo "在数组 a 中未发现字符'a'";
    else
        echo "index=".$index;
?>
```
A. 在数组 a 中未发现字符'a'

B. 0

C. 1

D. 2

43. 哪种方法用来计算数组所有元素的总和最简便？（　　）

A. 用 for 循环遍历数组

B. 用 foreach 循环遍历数组

C. 用 array_intersect 函数

D. 用 array_sum 函数

E. 用 array_count_values()

44. 以下脚本输出什么？（　　）
```
<?php
    $array=array（0.1=>'a', 0.2=>'b'）;
    echo count（$array）;
?>
```
A. 1

B. 2

C. 0

D. 什么都没有

E. 0.3

45. 以下脚本输出什么？（   ）
```
<?php
  $array=array（true=>'a', 1=>'b'）;
  var_dump（$aray）;
?>
```
A. 1=>'b'

B. True=>'a', 1=>'b'

C. 0=>'a', 1=>'b'

D. 什么都没有

E. 输出 NULL

46. 在不考虑实际用途的前提下，把数组直接传给一个只读函数比通过引用传递的复杂度低？（   ）

A. 是的，因为在把它传递给函数时，解释器需要复制这个数组

B. 是的，如果函数修改数组的内容的话

C. 是的，如果这个数组很大的话

D. 是的，因为 PHP 需要监视函数的输出，已确定数组是否被改变

E. 不是

47. 以下脚本输出什么？（   ）
```
<?php
  function sort_my_array（$array）
  {
    return sort（$array）;
  }
  $a1=array（3, 2, 1）;
  var_dump（sort_my_array（&$a1））;
?>
```
A. NULL

B. 0=>1, 1=>2, 2=>3

C. 一个引用错误

D. 2=>1, 1=>2, 0=>3

E. bool（true）

48. 以下脚本输出什么？（   ）
```
<?php
  $array=array（1, 2, 3, 5, 8, 13, 21, 34, 55）;
  $sum=0;
  for（$i=0;$i<5;$i++）
  {
    $sum+=$array[$array[$i]];
  }
```

        echo $sum;
?>

A. 78

B. 19

C. NULL

D. 5

E. 0

49. 以下哪一项不能把字符串$s1和$s2组成一个字符串？（　　）

A. $s1+$s2

B. "{$s1}{$s2}"

C. $s1.$s2

D. implode（"，array（$s1，$s2））

E. 以上都可以

50. 变量$email 的值是字符串 user@example.com，以下哪项能把字符串转化成example.com？（　　）

A. substr（$email，strpos（$email，"@"））；

B. strstr（$email，"@"）；

C. strchr（$email，"@"）；

D. substr（$email，strpos（$email，"@"）+1）；

E. strrpos（$email，"@"）；

51. 以下程序的输出结果是（　　）。

```
<?php
   $x='apple';
   echo substr_replace（$x，'x'，1，2）;
?>
```

A. x

B. axle

C. axxle

D. xapple

52. 以下针对异常处理的说明，错误的有（　　）。

A. 需要进行异常处理的代码应该放入 CATCH 代码块内，以便捕获潜在的异常

B. 每个 TRY 或 THROW 代码块必须至少拥有一个对应的 CATCH 块

C. 使用多个 CATCH 可以捕获不同种类的异常

D. 可以在 TRY 代码块内 CATCH 代码块中再次抛出异常

53. 给定一个用逗号分隔一组值的字符串，以下哪个函数能在仅调用一次的情况下就把每个独立的值放入一个新创建的数组？（　　）。

A. strstr()

B. 不可能只调用一次就完成

C. extract()

D. explode()

E. strtok()

54. 要比较两个字符串，以下哪种方法最万能？（　　）

A. 用 strpos 函数

B. 用==操作符

C. 用 strcasecmp()

D. 用 strcmp()

55. 以下脚本输出什么？（　　）

```php
<?php
  $s='12345';
  $s[$s[1]]='2';
  echo $s;
?>
```

A. 12345

B. 12245

C. 22345

D. 11345

E. Array

56. 如果用+操作符把一个字符串和一个整型数字相加，结果将怎样？（　　）

A. 解释器输出一个类型错误

B. 字符串将被转换成数字，再与整型数字相加

C. 字符串将被丢弃，只保留整型数字

D. 字符串和整型数字将连接成一个新字符串

E. 整型数字将被丢弃，而保留字符串

57. 哪个函数能不区分大小写地对两个字符串进行二进制比对？（　　）

A. strcmp()

B. stricmp()

C. strcasecmp()

D. stristr()

E. 以上都不能

58. 以下脚本是做什么的？（　　）

```php
<?php
  $a=array_sum（explode（'',microtime()））；
  for（$i=0;$i<10000;$i++）；
    $b=array_sum（explode（'',microtime()））；
      echo $b-$a;
?>
```

A. 测算 for 循环的执行时间

B. 测定服务器的时钟频率

C. 计算操作系统的硬件时钟频率与软件时钟频率的差

D. 测算 for 循环、一个 array_sum()函数与一个 microtime()的总执行时间

E. 测算 for 循环、两个 array_sum()函数与两个 microtime()的总执行时间

59. EST 是 CST 之前的一个时区（就是说任何时候 EST 都比 CST 晚一个小时）。那么以下脚本输出什么？（   ）

```
<?php
  $a=strtotime（'00：00：00 Feb 231976 EST'）；
  $b=strtotime（'00：00：00 Feb 231976 CST'）；
  echo$a-$b;
?>
```

A. -3600

B. 3600

C. 0

D. -1

E. 1

60. 以下哪个选项对 time 函数的描述最准确？（   ）

A. 返回从 UNIX 纪元开始到现在经过的秒数

B. 以 GMT 时区为基准，返回从 UNIX 纪元开始到现在经过的秒数

C. 以本地时区为基准，返回从 UNIX 纪元开始到现在经过的秒数

D. 计算从 UNIX 纪元开始经过的时间，并以整型数字表示

E. 以上都对

61. 以下脚本输出什么？（   ）

```
<?php
  $time=strtotime（'2004/01/01'）；
  echo date（'H：\i：s'，$time）；
?>
```

A. 00：00：00

B. 12：00：00

C. 00：i：00

D. 12：i：00

E. -1

62. 以下哪个表达式能让 cookie 在一小时后过期（假设客户端的时间和时区设置都正确，并且客户端与服务器不在同一个时区）？（   ）

A. time()+3600

B. time（3600）

C. gmtime()+3600

D. gmtime（3600）

E. A 和 C 都对

63. getdate()函数返回（　　）。

A. 一个整数

B. 一个浮点数

C. 一个数组

D. 一个字符串

E. 一个布尔值

64. 要把 microtime()的输出转化成一个数字值，以下哪种方法最简便？（　　）

A. $time=implode（"，microtime()）；

B. $time=explode（"，microtime()）；$time=$time[0]+$time[1];

C. $time=microtime()+microtime();

D. $time=array_sum（explode（"，microtime()））；

E. 以上都不对

65. GMT 时区下的时间戳与你所在时区下的时间戳的秒数差距有多大？（　　）

A. 取决于你所在时区与 GMT 时区的时间差

B. 没有差别

C. 只当你也在 GMT 时区时才会相同

D. 永远不会相同

E. 以上都不对

66. 读取 get 方法传递的表单元素值的方法是（　　）。

A. $_GET["名称"]

B. $get["名称"]

C. $GEG["名称"]

D. $_get["名称"]

67. 如何将一个数组作为附件发送，并要能在接收后重新组合？（　　）

A. 用 serialize()把它转换成字符串，再用 htmlentities()处理一下

B. 把它存在文件中，并用 base64_encode()进行编码

C. 用 serialize()把它转换成数组

D. 用 serialize()把它转换成数组，再用 base64_encode()进行编码

E. 把它存在文件中，再用 convert_uuencode()进行编码

68. 假设$action 和$data 变量用来接收用户输入，并且 register_globals 是打开的，以下代码是否安全？（　　）

```
<?php
  if(isUserAdmin())
  {
    $isAdmin=true;
  }
  $data=validate_and_return_input($data);
  switch($action)
  {
```

```
      case 'add':
          addSomething($data);
        break;
      case 'delete':
        if($isAdmin)
        {
            deleteSomething($data);
        }
        break;
      case 'edit':
        if($isAdmin)
        {
            editSomething($data);
        }
        break;
      default:
        print "Bad Action.";
  }
?>
```

A. 安全。在执行受保护的操作前先检查$isAdmin 是否为 true
B. 不安全。没有确认$action 是不是合法输入
C. 不安全。$isAdmin 可以通过 register_globals 被篡改
D. 安全。因为它验证了用户数据$data
E. A 和 B

注：当 register_globals=on 时，http://localhost/index.php?isAdmin=1，则在 index.php 中产生变量$isAdmin=1，那么通过上述 url 就可进行 delete 和 edit 了。这就是设置成 on 的危害之一。如果经 url 传入一个对程序至关重要的变量，则可能导致程序的崩溃或被嵌入木马程序。

register_globals 是 php.ini 里的一个配置，这个配置影响到 PHP 如何接收传递过来的参数，当 register_globals=Off 时，接收数据的程序应该用根据表单 form 传值的方法来决定。GET 用$_GET['isAdmin']来接收值，当 form 用 POST 提交数据，用$_POST['isAdmin']来接收值；当 register_globals=On 时，接收数据的程序可以直接使用$isAdmin 得到值。

register_globals 的作用就是注册为全局变量。此项要是打开，会存在很多安全隐患。

69. 尽管并不彻底，但以下哪些方法能识别并防范代码中的安全隐患？（   ）
A. 查阅 PHP 手册中提到的安全隐患
B. 任何脚本执行失败的情况都写入日志
C. 保持更新最新的 PHP 版本，尤其是解决了安全问题的那些
D. 使用第三方 PHP 包时，了解并修正其中的安全问题
E. 以上都对

70. 当网站发生错误时，该如何处理？（   ）

A. 应该向用户显示错误信息以及导致该错误的相关技术信息，并且网站管理员要记录这个错误
B. 需要记录该错误，并向用户致歉
C. 应该向用户显示错误信息以及导致该错误的相关技术信息，以便用户把错误信息汇报给网站管理员
D. 把用户引导回主页，让用户不知道发生了错误
E. 以上都不对

71. 以下脚本如何用三元操作替代？（   ）

```php
<?php
   if($a<10)
   {
      if($b>11)
      {
         if($c==10 && $d!=$c)
         {
            $x=0;
         }//if
         else
         {
            $x=1;
         }//else
      }//if
   }//if
?>
```

A. $x=（$a<10 || $b>11 || $c==1 && $d!=$c）?0：1;
B. $x=（$a<10 || $b>11 ||（$c==1 && $d!=$c））?0：1;
C. $x=（（$a<10 && $b>11）||（$c==1 && $d!=$c））?0：1;
D. $x=（$a<10 && $b>11 && $c==1 && $d!=$c）?1：0;
E. 以上都不对

二、多选题

1. 如何从使用 get 方法提交的表单中获取数据？（   ）

A. $_GET[];
B. Request.QueryString;
C. Request.Form;
D. $_POST;

2. 以下哪个选项是把整型变量$a 的值乘以 4？（   ）

A. $a*=pow（2，2）;

B. $a>>=2;

C. $a<<=2;

D. $a+=$a+$a;

E. 一个都不对

3. 以下脚本将如何影响$s 字符串？（   ）。

```
<?php
    $s='<p>Hello</p>';
    $ss=htmlentities（$s）;
    echo $s;
?>
```

A. 尖括号<>会被转换成 HTML 标记，因此字符串将变长

B. 没有变化

C. 在浏览器上打印该字符串时，尖括号是可见的

D. 在浏览器上打印该字符串时，尖括号及其内容将被识别为 HTML 标签，因此不可见

E. 由于调用了 htmlentities()，字符串会被销毁

4. 在向某台特定的计算机中写入带有效期的 cookie 时总是会失败，而这在其他计算机上都正常。在检查了客户端操作系统传回的时间后，你发现这台计算机上的时间和 web 服务器上的时间基本相同，而且这台计算机在访问大部分其他网站时都没有问题。请问这会是什么原因导致的？（   ）

A. 浏览器的程序出问题了

B. 客户端的时区设置不正确

C. 用户的杀毒软件阻止了所有安全的 cookie

D. 浏览器被设置为阻止任何 cookie

E. cookie 里使用了非法的字符

5. 基于指定的式样（pattern）把一个字符串分隔开并放入数组，以下哪些函数能做到？（   ）

A. preg_split()

B. ereg()

C. str_split()

D. explode()

E. chop()

6. 以下哪个比较将返回 true？（   ）

A. '1top'=='1'

B. 'top'==0

C. 'top'===0

D. 'a'==a

E. 123=='123'

7. 处理数据库中读取的日期数据时，以下哪种方法有助于避免bug？（   ）

A. 确保日期数据与服务器使用相同的时区

B. 如果日期需要被转换成UNIX时间戳进行操作，要确保结果不会溢出

C. 用数据库功能测试日期的合法性

D. 如果可能，用数据库功能计算日期的值

E. 用代码控制日期只能在PHP中进行处理

8. 以下哪个函数返回的不是时间戳？（   ）

A. time()

B. date()

C. strtotime()

D. localtime()

E. gmmktime()

9. 处理HTTP文件上传时，PHP把文件储存在$_FILES中。在PHP脚本的执行周期中，这些文件将放在本地的临时文件夹里，而在脚本结束后，文件将被自动删除。在处理HTTP文件上传时，如何确保当前操作的文件是正确的文件？（   ）。

A. 操作前，将文件名与浏览器报告的文件名对比

B. 操作前，用file_exists函数确保文件存在

C. 用is_uploaded_file函数确认所需的文件的确是通过HTTP方式传输过来的

D. 用move_upload_file()将文件移动到安全位置

E. 只信任PHP存储临时文件的目录下的文件

10. 有一个脚本由于要从远程获取数据，因而运行速度很慢，以下哪种方法能对其进行优化？（   ）。

A. 安装操作码缓存（opcode cache）

B. 优化或者升级你的网络连接

C. 添置更多的硬件

D. 增加服务器的可用RAM

E. 使用连接缓存

11. 以下哪些情况容易造成系统资源枯竭？（   ）。

A. RAM太小

B. 使用了低带宽的连接

C. 虚拟内存超过2 GB

D. 允许同时运行太多的服务器进程

E. 以上都不对

12. PHP指的是（   ）。

A. Private Home Page

B. Personal Hypertext Processor

C. PHP Hypertext Preprocessor

D. Personal Home Page

13. PHP 服务器脚本由哪个分隔符包围？（   ）

A. <?php>...</?>

B. <script>...</script>

C. <?php…?>

D. <&>...</&>

14. 结束 PHP 语句的正确方法是（   ）。

A. </php>

B. New line

C. ;

D. .

15. PHP 语法与下列哪种最相似？（   ）

A. VBScript

B. JavaScript

C. Perl 和 C

D. Java

16. 在 PHP 中，添加注释的正确方法是（   ）。

A. <!--…-->

B. <comment>…</comment>

C. *\..*

D. /*…*/

17. 以下的变量名，哪个是不合法的？（   ）

A. $my_Var

B. $myVar

C. $my-Var

D. $if

18. 在 PHP 中，所有的变量以哪个符号开头？（   ）

A. !

B. &

C. $

D. _

19. 如何使用 PHP 输出 "hello world"？（   ）

A. "Hello World";

B. echo "Hello World";

C. Document.Write（"Hello World"）;

D. Printf（"Hello World"）;

20. 给 $count 变量加 1 的正确方法是（   ）。

A. ++count

B. $count++;

C. count++;

D. $count=+1（若改成$count+=1;呢？）

21. 在 PHP 中创建函数的正确方法是（　　）。

A. function myFunction()

B. create myFunction()

C. new_function myFunction()

三、判断题

1. 当使用 POST 方法时，变量显示在 URL 中。（　　）

2. 在 PHP 中，既可以使用单引号（"）也可以使用双引号（""）来包围字符串。（　　）

3. PHP 可以在 Microsoft Windows IIS（Internet Information Server）上运行。（　　）

四、问答题

1. 请说明 PHP 中传值与传引用的区别。什么时候传值，什么时候传引用？

按值传递：函数范围内对值的任何改变在函数外部都会被忽略；

按引用传递：函数范围内对值的任何改变在函数外部也能反映出这些修改；

优缺点：按值传递时，PHP 必须复制值。特别是对于大型的字符串和对象来说，这将会是一个代价很大的操作。按引用传递则不需要复制值，对于性能提高很有好处。

2. 请写出 PHP5 权限控制修饰符。

PHP5 引入了访问修饰，放在属性和方法声明的前面用以控制它们的可见性。PHP5 中支持以下三种不同的访问修饰：

（1）默认的是 public（公共），即当没有为属性和方法指定访问修饰时就默认为 public 的。而这些 public 的项目在类内类外都可以访问。

（2）private（私有）访问修饰，意味着被修饰的项只能在类中被访问。如果你没使用_get() 和_set()，就最好给每个属性都加上 private 修饰。也可以给方法加 private 修饰，例如一些只在类中才用到的函数。private 修饰的项不能被继承。

（3）protected（保护）修饰的项能在类及其子类中访问。

五、编程题

实现中文字串截取无乱码的方法。

```php
<?php
  function cutchar（$str，$start，$len）
  {
      if（strlen（$str）-$start>$len）
      {
          $endleng=$start+$len;
          if（ord（substr（$str，$start，1））>0xa0）
          {
              if（$start%2!=0）
```

```php
        {
            $start=$start-1;
        }
    }
    for($i=$start;$i<$endleng;$i++)
    {
      if(ord(substr($str,$i,1))>0xa0)//如果字符串中首个字节的ASCII序数
          值大于0xa0,则表示为汉字
        {
          $temp.=substr($str,$i,2);
          $i++;
        }
      else
        {
          $temp.=substr($str,$i,1);
        }
    }
    return $temp;
  }
  else
  {
    return $str;
  }
}
$str1="md 须中国 gfgfda";
echo cutchar($str1,2,5);
//echo csubstr($str1,2,5);
//***************************************************************
function csubstr($str,$start,$len)
{
  //$str指的是字符串,$start指的是字符串的起始位置,$len指的是长度。
  $strlen=$start+$len;
  //用$strlen存储字符串的总长度(从字符串的起始位置到字符串的总长度)
  for($i=0;$i<$strlen;$i++)
  {
    //通过for循环语句,循环读取字符串
    if(ord(substr($str,$i,1))>0xa0)
    {
      //如果字符串中首个字节的ASCII序数值大于0xa0,则表示为汉字
```

```php
        $tmpstr.=substr（$str，$i，2）;
        //每次取出两位字符赋给变量$tmpstr，即等于一个汉字
        $i++;
        //变量自加1
    }
    else
    {
        //如果不是汉字，则每次取出一位字符赋给变量$tmpstr
        $tmpstr.=substr（$str，$i，1）;
    }
}
return $tmpstr;//输出字符串
}
?>
```

2 PHP 和表单

2.1 表单处理

PHP 超全局变量 $_GET 和 $_POST 用于收集表单数据（form-data）。下面的例子显示了一个简单的 HTML 表单，它包含两个输入字段和一个提交按钮，如图 1-2-1 所示。

图 1-2-1 简单的 HTML 表单

程序如下：
<html>
  <body>
    <form action="welcome.php" method="**post**">
      Name: <input type="text" name="name">
      E-mail: <input type="text" name="email">
      <input type="submit">
    </form>
  </body>
</html>

当用户填写此表单并点击提交按钮后，表单数据会发送到名为"welcome.php"的 PHP 文件供处理。表单数据是通过 POST 方法发送的，如需显示出被提交的数据，您可以简单地输出（echo）所有变量，welcome.php：

<html>
  <body>
    Welcome <?php echo **$_POST[name]**; ?>

    Your email address is:<?php echo $_POST[email]; ?>
  </body>
</html>

运行结果（见图 1-2-2）：

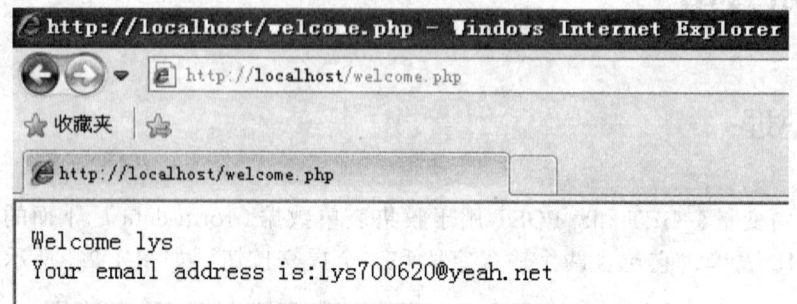

图 1-2-2　运行结果

使用 GET 方法也能得到相同的结果。

```
<html>
  <body>
    <form action="welcome_get.php" method="get">
      Name:<input type="text" name="name"><br>
      E-mail:<input type="text" name="email"><br>
      <input type="submit">
    </form>
  </body>
</html>
```

welcome_get.php：

```
<html>
  <body>
    Welcome <?php echo $_GET[name]; ?><br>
    Your email address is: <?php echo $_GET[email]; ?>
  </body>
</html>
```

运行结果（见图 1-2-3）：

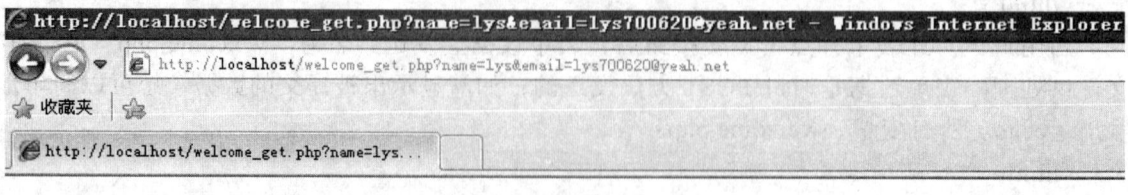

图 1-2-3　运行结果

2.1.1 GET 和 POST

GET 和 POST 都创建数组[例如，array(name=>lys，email=>lys700620@yeah.net)]，此数组包含键/值对，其中的键是表单控件的名称，而值是来自用户的输入数据。

GET 和 POST 被视作 $_GET 和 $_POST，它们是超全局变量，这意味着对它们的访问无需考虑作用域，无需任何特殊代码，能够从任何函数、类或文件访问它们。$_GET 是通过 URL 参数传递到当前脚本的变量数组，$_POST 是通过 POST 传递到当前脚本的变量数组。

通过 GET 方法从表单发送的信息对任何人都是可见的（所有变量名和值都显示在 URL 中），GET 对所发送信息的数量也有限制，限制在小于 2 000 个字符，不过，由于变量显示在 URL 中，把页面添加到书签中也更为方便。GET 可用于发送非敏感的数据，绝不能使用 GET 来发送密码或其他敏感信息。

通过 POST 方法从表单发送的信息对其他人是不可见的（所有名称/值会被嵌入 HTTP 请求的主体中），并且对所发送信息的数量无限制。此外，POST 支持高级功能，比如在向服务器上传文件时进行 multi-part 二进制输入，不过，由于变量未显示在 URL 中，也就无法将页面添加到书签。

2.2 PHP 表单验证

本节和下一节讲解如何使用 PHP 来验证表单数据。

对 HTML 表单数据进行适当的验证对于防范黑客和垃圾邮件很重要的。稍后使用的 HTML 表单包含多种输入字段：必需和可选的文本字段、单选按钮以及提交按钮，如图 1-2-4 所示。

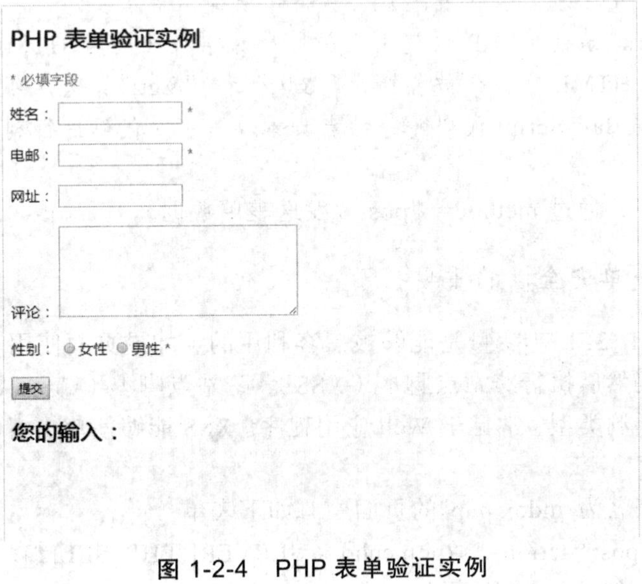

图 1-2-4 PHP 表单验证实例

上面表单使用的验证规则如表 1-2-1 所示。

表 1-2-1 验证规则

字段	验证规则
name	必需，必须包含字母和空格
email	必需，必须包含有效的电子邮件地址（包含@和.）
website	可选，如果选填，则必须包含有效的 URL
comment	可选，多行输入字段（文本框）
gender	必需，必须选择一项

name、email 和 website 属于文本输入元素，comment 字段是文本框。

姓名：\<input type="text" name="name"\>

电邮：\<input type="text" name="email"\>

网址：\<input type="text" name="website"\>

评论：\<textarea name="comment" rows="5" cols="40"\>\</textarea\>

gender 字段是单选按钮。

性别：

\<input type="radio" name="gender" value="female"\>女

\<input type="radio" name="gender" value="male"\>男

表单的 HTML 代码：

\<form method="post" action="\<?php echo **htmlspecialchars($_SERVER["PHP_SELF"]**);?\>"\>

/*

$_SERVER["PHP_SELF"] 是一种**超全局变量**，它返回当前执行脚本的文件名（比如 /index.php）。因此，$_SERVER["PHP_SELF"] 将表单数据发送到页面本身，而不是跳转到另一张页面。这样，用户就能够在表单页面获得错误提示信息。

htmlspecialchars() 函数（PHP 内建函数）把特殊字符转换为 HTML 实体。这意味着"\<"和"\>"之类的 HTML 字符会被替换为"<"和">"。这样可防止攻击者通过在表单中注入 HTML 或 JavaScript 代码（跨站点脚本攻击）对代码进行利用。

*/

当提交此表单时，通过 method="post" 发送表单数据。

2.2.1 关于 PHP 表单安全性的重要提示

$_SERVER["PHP_SELF"] 变量是能够被黑客利用的。如果页面使用了 PHP_SELF，黑客能够注入客户端代码然后执行跨站点脚本（XSS）。跨站点脚本（Cross-Site Scripting，XSS）是一种计算机安全漏洞类型，常见于 Web 应用程序。XSS 能够使攻击者向浏览的网页中输入客户端脚本。

假设我们的一张名为"index.php"的页面中有如下表单：

\<form method="post" action="\<?php echo $_SERVER["PHP_SELF"]; ?\>"\>

现在，如果用户输入的是地址栏中正常的 URL："http://localhost/index.php"，上面的代码会转换为：

`<form method="post" action="/index.php">`（$_SERVER["PHP_SELF"]返回"/index.php"）

到目前，一切正常。不过，如果用户在地址栏中键入了如下 URL：

http://localhost/index.php/"><script>alert（'hacked'）</script>

在这种情况下，上面的代码会转换为：

`<form method="post" action="/index.php/">`
`<script>alert（'hacked'）</script>">`

$_SERVER["PHP_SELF"]返回"/index.php/"><script>alert（'hacked'）</script>"。

这段代码加入了一段脚本和一个提示命令（这里是<script>alert（'hacked'）</script>）。并且当此页面加载后，就会执行 JavaScript 代码（用户会看到一个提示框）。这仅仅是一个关于 PHP_SELF 变量如何被利用的简单无害案例。

这里应该意识到<script>标签内能够添加任何 JavaScript 代码，黑客能够把用户重定向到另一台服务器上的某个文件，该文件中的恶意代码能够更改全局变量或将表单提交到其他地址以保存用户数据，等等。

如何避免$_SERVER["PHP_SELF"]被利用？

通过使用 htmlspecialchars()函数能够避免$_SERVER["PHP_SELF"]被利用。表单代码是这样的：

`<form method="post" action="<?php echo htmlspecialchars( $_SERVER["PHP_SELF"] ); ?>">`

htmlspecialchars()函数把特殊字符转换为 HTML 实体。现在，如果用户试图利用 PHP_SELF 变量，会产生如下输出：

`<form method="post" action="/index.php/&quot; &gt; &lt; script&gt; alert（'hacked'） &lt; /script&gt; ">`

这样黑客就无法利用，不能造成危害了。

2.2.2 通过 PHP 验证表单数据

这里要做的第一件事是通过 PHP 的 htmlspecialchars()函数传递所有变量。在使用 htmlspecialchars()函数后，如果用户试图在文本字段中提交以下内容：

`<script>location.href（'http://www.suse.edu.cn'）</script>`

代码不会执行，因为会被保存为转义代码，就像这样：

< script> location.href（'http://www.suse.edu.cn'） < /script>

现在这条代码显示在页面上或 e-mail 中是安全的。

在用户提交该表单时，还要做两件事：

（1）通过 trim()函数去除用户输入数据中不必要的字符（多余的空格、制表符、换行）。

（2）通过 stripslashes()函数删除用户输入数据中的反斜杠（\）。

接下来会创建一个检查函数（相比一遍遍地写代码，这样效率更好）。我们把函数命名为 test_input()。现在，能够通过 test_input()函数检查每个$_POST 变量，脚本是这样的：

```
<?php
  //定义变量并设置为空值
  $name=$email=$gender=$comment=$website="";
```

```php
if($_SERVER["REQUEST_METHOD"]=="POST")
{
    $name=test_input($_POST["name"]);
    $email=test_input($_POST["email"]);
    $website=test_input($_POST["website"]);
    $comment=test_input($_POST["comment"]);
    $gender=test_input($_POST["gender"]);
}
function test_input($data)
{
    $data=trim($data);
    $data=stripslashes($data);
    $data=htmlspecialchars($data);
    return $data;
}
?>
```

完整源代码：

```
<!DOC TYPE HTML>
<html>
  <head>
  </head>
  <body>
    <?php
      //define variables and set to empty values
      $name=$email=$gender=$comment=$website="";
      if($_SERVER[REQUEST_METHOD]=="POST")
      {
          $name=test_input($_POST["name"]);
          $email=test_input($_POST["email"]);
          $website=test_input($_POST["website"]);
          $comment=test_input($_POST["comment"]);
          $gender=test_input($_POST["gender"]);
      }
      function test_input($data)
      {
          $data=trim($data);
          $data=stripslashes($data);
          $data=htmlspecialchars($data);
          return $data;
```

```php
        }
?>
    <h2>PHP 表单验证实例</h2>
    <form method="post"
            action="<?php echo htmlspecialchars($_SERVER[PHP_SELF]);?>">
        姓名：<input type="text" name="name">
        <br><br>
        电邮：<input type="text" name="email">
        <br><br>
        网址：<input type="text" name="website">
        <br><br>
        评论：<textarea name="comment" rows="5" cols="40"></textarea>
        <br><br>
        性别：
            <input type="radio" name="gender" value="female">女性
            <input type="radio" name="gender" value="male">男性
        <br><br>
        <input type="submit" name="submit" value="提交">
    </form>
    <?php
        echo "<h2>您的输入：</h2>";
        echo $name; echo "<br>";
        echo $email; echo "<br>";
        echo $website; echo "<br>";
        echo $comment; echo "<br>";
        echo $gender;
    ?>
  </body>
</html>
```

运行结果（见图 1-2-5）：

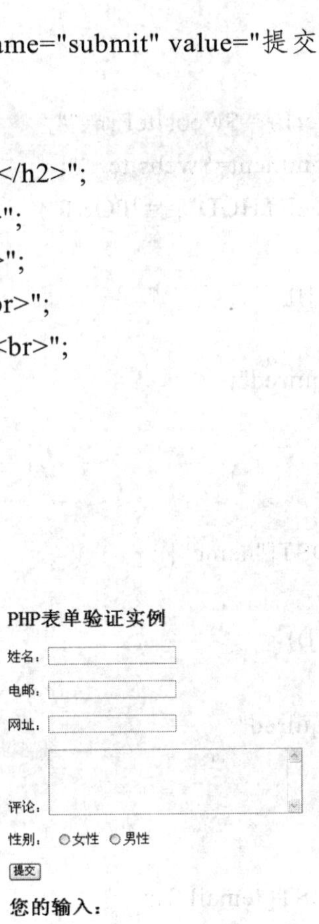

图 1-2-5　运行结果

请注意在脚本开头检查表单是否使用$_SERVER[REQUEST_METHOD]进行提交。如果REQUEST_METHOD 是 POST，那么表单已被提交，并且应该对其进行验证；如果未提交，则跳过验证并显示一个空白表单。

不过，在上面的例子中，所有输入字段都是可选的。即使用户未输入任何数据，脚本也能正常工作。下一步是制作必填输入字段，并创建需要时所使用的错误消息。

2.3 必填字段

本节展示如何制作必填输入字段，并创建需要时所用的错误消息。

从上一节的验证规则中看到 Name，Email 以及 Gender 字段是必需的，这些字段不能为空且必须在 HTML 表单中填写。

在上一节中，所有输入字段都是可选的。在下面的代码中增加了一些新变量：$nameErr、$emailErr、$genderErr 以及 $websiteErr，这些错误变量会保存被请求字段的错误消息。这里还为每个 $_POST 变量添加了一个 if else 语句，这条语句检查 $_POST 变量是否为空（通过 empty()函数），如果为空，则错误消息会存储于不同的错误变量中；如果不为空，则通过 test_input()函数发送用户输入数据：

```php
<?php
  //定义变量并设置为空值
  $nameErr=$emailErr=$genderErr=$websiteErr="";
  $name=$email=$gender=$comment=$website="";
  if($_SERVER["REQUEST_METHOD"]=="POST")
  {
    if(empty($_POST["name"]))
    {
      $nameErr="Name is required";
    }
    else
    {
      $name=test_input($_POST["name"]);
    }
    if(empty($_POST["email"]))
    {
      $emailErr="Email is required";
    }
    else
    {
      $email=test_input($_POST["email"]);
    }
```

```php
        if(empty($_POST["website"]))
        {
            $website="";
        }
        else
        {
            $website=test_input($_POST["website"]);
        }
        if(empty($_POST["comment"]))
        {
            $comment="";
        }
        else
        {
            $comment=test_input($_POST["comment"]);
        }
        if(empty($_POST["gender"]))
        {
            $genderErr="Gender is required";
        }
        else
        {
            $gender=test_input($_POST["gender"]);
        }
    }
?>
```

HTML 表单中，我们在每个被请求字段后面增加了一点脚本，如果需要，会生成恰当的错误消息（如果用户未填写必填字段就试图提交表单）：

```html
<form method="post" action="<?php echo htmlspecialchars($_SERVER["PHP_SELF"]);?>">
    Name: <input type="text" name="name">
<span class="error">*<?php echo $nameErr;?></span><br><br>
    E-mail: <input type="text" name="email">
<span class="error">*<?php echo $emailErr;?></span><br><br>
    Website: <input type="text" name="website">
<span class="error"><?php echo $websiteErr;?></span><br><br>
    <label>Comment:<textarea name="comment" rows="5" cols="40"></textarea><br><br>
    Gender: <input type="radio" name="gender" value="female">Female
<input type="radio" name="gender" value="male">Male
<span class="error">*<?php echo $genderErr;?></span><br><br>
```

```
      <input type="submit" name="submit" value="Submit">
</form>
```
完整源代码：
```html
<!DOCTYPEHTML>
<html>
  <head>
    <style>
      .error{color:#ff0000;}
    </style>
  </head>
  <body>
    <?php
      //定义变量并设置为空值
      $nameErr=$emailErr=$genderErr=$websiteErr="";
      $name=$email=$gender=$comment=$website="";
      if($_SERVER["REQUEST_METHOD"]=="POST")
      {
        if(empty($_POST["name"]))
        {
          $nameErr="姓名是必填的";
        }
        else
        {
          $name=test_input($_POST["name"]);
        }
        if(empty($_POST["email"]))
        {
          $emailErr="电邮是必填的";
        }
        else
        {
          $email=test_input($_POST["email"]);
        }
        if(empty($_POST["website"]))
        {
          $website="";
        }
        else
        {
```

```php
      $website=test_input($_POST["website"]);
    }
    if(empty($_POST["comment"]))
    {
      $comment="";
    }
    else
    {
      $comment=test_input($_POST["comment"]);
    }
    if(empty($_POST["gender"]))
    {
      $genderErr="性别是必选的";
    }
    else
    {
      $gender=test_input($_POST["gender"]);
    }
  }
  function test_input($data)
  {
    $data=trim($data);
    $data=stripslashes($data);
    $data=htmlspecialchars($data);
    return $data;
  }
?>
<h2>PHP 表单验证实例</h2>
<p><span class="error">*必需的字段</span></p>
<form method="post" action="<?php echo htmlspecialchars($_SERVER["PHP_SELF"]);?>">
  姓名：<input type="text" name="name">
    <span class="error">*<?php echo $nameErr;?></span>
    <br><br>
  电邮：<input type="text" name="email">
    <span class="error">*<?php echo $emailErr;?></span>
    <br><br>
  网址：<input type="text" name="website">
    <span class="error"><?php echo $websiteErr;?></span>
    <br><br>
```

```
        评论：<textarea name="comment" rows="5" cols="40"></textarea>
            <br><br>
        性别：
            <input type="radio" name="gender" value="female">女性
            <input type="radio" name="gender" value="male">男性
                <span class="error">*<?php echo $genderErr;?></span>
                <br><br>
        <input type="submit" name="submit" value="提交">
    </form>
    <?php
        echo "<h2>您的输入：</h2>";
        echo $name;
        echo "<br>";
        echo $email;
        echo "<br>";
        echo $website;
        echo "<br>";
        echo $comment;
        echo "<br>";
        echo $gender;
    ?>
  </body>
</html>
```

运行结果（见图1-2-6）：

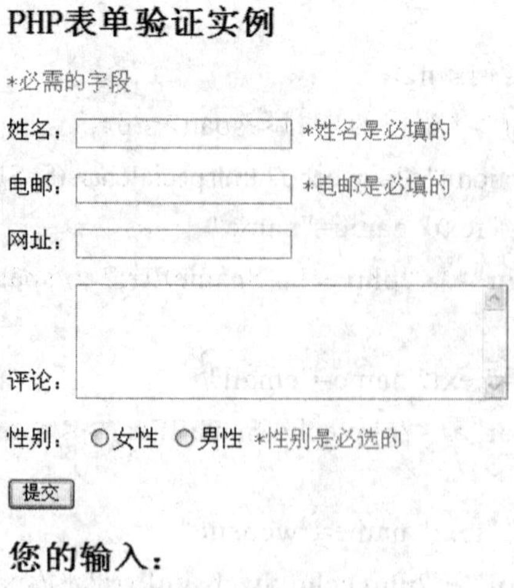

图1-2-6 运行结果

接下来是验证输入数据，即 Name 字段是否只包含字母和空格，以及 Email 字段是否包含有效的电子邮件地址语法，并且如果填写了 Website 字段，这个字段是否包含了有效的 URL。

2.4 验证名字、E-mail 和 URL

本节展示如何验证名字、E-mail 和 URL。

2.4.1 验证名字

以下代码展示的简单方法检查 name 字段是否包含字母和空格，如果 name 字段无效，则存储一条错误消息：

```
$name=test_input($_POST["name"]);
if(!preg_match("/^[a-zA-Z ]*$/", $name))
{
    $nameErr="只允许字母和空格！";
}

//preg_match()函数（PHP 内建函数）检索字符串的模式，如果模式存在则返回 true,
//否则返回 false。
//模式 "/^[a-zA-Z ]*$/" 定义串由字母和空格组成。
// "/" 为定界符，正则式必须位于其中。
// "^" 为定位符，表示开头，"$" 表示结尾。
// "[ ]" 表示字符集。
// "-" 表示范围。
// "*" 表示闭包，不是通配符！
//a-z 表示 a 到 z，即小写字母。
//[a-zA-Z ]表示由字母和空格组成的字符集。
//[a-zA-Z ]* 表示由字母和空格组成的字符串，这里的 "*" 表示串由 0 个或多个字
母或空格、以任意的顺序组成。
//^[a-zA-Z ]*$ 表示以这种串开头，以这种串结尾，即这种串前后再没有其他内容了。
//如果$name 是这种串，preg_match()函数就返回 1(true)，表示搜索到 1 个这种串，
//停止搜索。
```

2.4.2 验证 E-mail

以下代码展示的简单方法检查 E-mail 地址语法是否有效,如果无效则存储一条错误消息：

```
$email=test_input($_POST["email"]);
if(!preg_match("/([\w\-]+\@[\w\-]+\.[\w\-]+)/", $email))
{
```

```
    $emailErr="无效的 email 格式！";
}
// "\" 是转义符
// "\w" 等价于[a-zA-Z0-9_]，即由字母、数字和下划线组成的字符集
// "[\w\-]" 表示由字母、数字、下划线和连字符组成的字符集
// "+" 是闭包符
// "[\w\-]+" 表示串由 1 个或多个字母、数字、下划线或连字符，以任意的顺序组成。
// "[\w\-]+\@[\w\-]+\.[\w\-]+" 定义了 email 格式
//直观地，可以分成几部分：[\w\-]+    \@    [\w\-]+    \.    [\w\-]+(模式，抽象)
//如：                   lys700620   @    yeah      .    net(我的 email，具体)
```

2.4.3 验证 URL

以下代码展示的方法检查 URL 地址语法是否有效（这条正则表达式同时允许 URL 中的斜杠），如果 URL 地址语法无效，则存储一条错误消息：

```
$website=test_input($_POST["website"]);
if(!preg_match("/\b(?:(?:https?|ftp):\/\/|www\.)[-a-z0-9+&@#\/%?=~_|!:, .;]*[-a-z0-9+&@#\/%=~_|]/i", $website))
{
    $websiteErr="无效的 URL";
}
// "\b" 左边边界
// "https?"，s 可有可无，即 http | https
// https? | ftp，即 http | https | ftp
//(?: https? | ftp)，即 (?: http | https | ftp)，表示 http 或 https 或 ftp
// "(?: https? | ftp):\/\/" 表示 http://或 https://或 ftp://，"\/\/" 转义为 "//"
// "www\." 表示 www.
// "( ?:  ( ?:  https? | ftp):\/\/  |  www\.)"  表示 "http://" 或 https://
//或 "ftp://" 或 "www."
// "/i"，不区分大小写
////直观地，URL 可以分成几部分：
// ( ?: ( ?: https? | ftp):\/\/ | www\.)  [-a-z0-9+&@#\/%?=~_|!:, .;]*  [-a-z0-9+&@#\/%=~_|]
//       http           ://              localhost/                    index.php
// "\/|/" 与 "/[|]/" 等价，匹配 "|" 字符。前者必须转义，后者可以不转义。
```

2.4.4 验证 Name、E-mail 以及 URL

源代码：
```
<!DOCTYPE HTML>
<html>
```

```php
<head>
    <style>
        .error{color:#FF0000;}
    </style>
</head>
<body>
<?php
    //定义变量并设置为空值
    $nameErr=$emailErr=$genderErr=$websiteErr="";
    $name=$email=$gender=$comment=$website="";
    if($_SERVER["REQUEST_METHOD"]=="POST") //首次请求方法为 GET,
                                            //单击提交按钮时为 POST
    {
        if(empty($_POST["name"])) //empty()函数是 PHP 系统功能,
            //本函数用来测试变量是否已经配置。
            //若变量已存在、非空字符串或者非零,
            //则返回 false 值; 反之返回 true。
        {
            $nameErr="姓名是必填的";
        }
        else
        {
            $name=test_input($_POST["name"]);
            //检查姓名是否只包含字母和空格字符
            if(!preg_match("/^[a-zA-Z ]*$/", $name))
            {
                $nameErr="只允许字母和空格";
            }
        }//else

        if(empty($_POST["email"]))
        {
            $emailErr="电邮是必填的";
        }
        else
        {
            $email=test_input($_POST["email"]);
            //检查电子邮件地址语法是否有效
            if(!preg_match("/([\w\-]+\@[\w\-]+\.[\w\-]+)/", $email))
```

```php
        {
            $emailErr="无效的 email 格式";
        }
    }
    if(empty($_POST["website"]))
    {
        $website="";
    }
    else
    {
        $website=test_input($_POST["website"]);
        //检查 URL 地址语法是否有效(正则表达式允许 URL 中的斜杠)
        if(!preg_match("/\b(?:(?:https?|ftp):\/\/|www\.)
                [-a-z0-9+&@#\/%?=~_|!:,.;]*[-a-z0-9+&@#\/%=~_|]/i", $website))
        {
            $websiteErr="无效的 URL";
        }
    }
    if(empty($_POST["comment"]))
    {
        $comment="";
    }
    else
    {
        $comment=test_input($_POST["comment"]);
    }
    if(empty($_POST["gender"]))
    {
        $genderErr="性别是必选的";
    }
    else
    {
        $gender=test_input($_POST["gender"]);
    }
}
function test_input($data)
{
    $data=trim($data);
    $data=stripslashes($data);
```

```
/*stripslashes()函数可去掉字符串中的反斜线字符"\"。
若是连续二个反斜线，则去掉一个，留下一个。
若只有一个反斜线，就直接去掉。*/
        $data=htmlspecialchars($data);
/*htmlspecialchars()函数将特殊字符转成 HTML 的字符串格式(&...;)。
最常用到的场合可能就是处理客户留言板的留言了。
& 转成 &amp;
" 转成 &quot;
< 转成 &lt;
> 转成 &gt;
此函数只转换上面的特殊字符
*/
        return $data;
    }//test_input
  ?>
  <h2>PHP 验证实例</h2>
  <p><span class="error">*必需的字段</span></p>
  <form method="post"
        action="<?php echo htmlspecialchars($_SERVER["PHP_SELF"]);?>">
    姓名：<input type="text" name="name">
    <span class="error">*<?php echo $nameErr;?></span>
    <br><br>
    电邮：<input type="text" name="email">
    <span class="error">*<?php echo $emailErr;?></span>
    <br><br>
    网址：<input type="text" name="website">
    <span class="error"><?php echo $websiteErr;?></span>
    <br><br>
    评论：<textarea name="comment" rows="5" cols="40"></textarea>
    <br><br>
    性别：
    <input type="radio" name="gender" value="female">女性
    <input type="radio" name="gender" value="male">男性
    <span class="error">*<?php echo $genderErr;?></span>
    <br><br>
    <input type="submit" name="submit" value="提交">
  </form>
```

```
    <?php
        echo "<h2>您的输入：</h2>";
        echo $name;
        echo "<br>";
        echo $email;
        echo "<br>";
        echo $website;
        echo "<br>";
        echo $comment;
        echo "<br>";
        echo $gender;
    ?>
  </body>
</html>
```

运行结果（见图 1-2-7）：

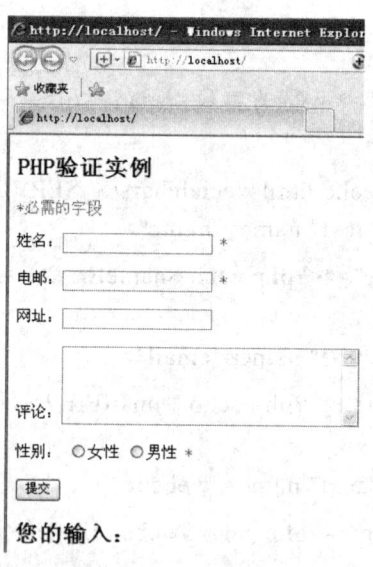

图 1-2-7 运行结果

2.5 完整的表单实例

本节展示如何在用户提交表单后保留输入字段中的值。

2.5.1 保留表单中的值

如需在用户点击提交按钮后在输入字段中显示值，那么在以下输入字段的 value 属性中增加了一小段 PHP 脚本：name、email 以及 website。在 comment 文本框字段中，我们把脚本放到了<textarea>与</textarea>之间。这些脚本输出$name、$email、$website 和$comment 变量的值。

然后还需要显示选中了哪个单选按钮。对此，我们必须操作 checked 属性（而非单选按钮的 value 属性）：

Name:<input type="text" name="name" value="**<?php echo $name;?>**">
E-mail:<input type="text" name="email" value="**<?php echo $email;?>**">
Website:<input type="text" name="website" value="**<?php echo $website;?>**">
Comment:<textarea name="comment" rows="5" cols="40">**<?php echo $comment;?>**</textarea>
Gender:
<input type="radio" name="gender"
<?php if(isset($gender) && $gender=="female") echo "checked";?>
value="female">Female
<input type="radio" name="gender"
<?php if(isset($gender) && $gender=="male") echo "checked";?>
value="male">Male
//isset()检测变量是否设置。如果 var 存在则返回 TRUE，否则返回 FALSE

下面是 PHP 表单验证实例的完整代码：

```
<!DOCTYPE HTML>
<html>
  <head>
    <style>
      .error{color:#FF0000;}
    </style>
  </head>
  <body>
    <?php
      //定义变量并设置为空值
      $nameErr=$emailErr=$genderErr=$websiteErr="";
      $name=$email=$gender=$comment=$website="";
      if($_SERVER["REQUEST_METHOD"]=="POST")
      {
        if(empty($_POST["name"]))
        {
          $nameErr="姓名是必填的";
        }
        else
        {
```

```php
$name=test_input($_POST["name"]);//test_input()是一个
//自定义函数，用于数据的预处理：删除两端空格符等
//检查姓名是否只包含字母和空白字符
if(!preg_match("/^[a-zA-Z ]*$/", $name))
{
    $nameErr="只允许字母和空格";
}
}
if(empty($_POST["email"]))
{
    $emailErr="电邮是必填的";
}
else
{
    $email=test_input($_POST["email"]);
    //检查电子邮件地址语法是否有效
    if(!preg_match("/([\w\-]+\@[\w\-]+\.[\w\-]+)/", $email))
    {
        $emailErr="无效的 email 格式";
    }
}
if(empty($_POST["website"]))
{
    $website="";
}
else
{
    $website=test_input($_POST["website"]);
    //检查 URL 地址语法是否有效（正则表达式也允许 URL 中的斜杠"/"）
    if(!preg_match("/\b(?:(?:https?|ftp):\/\/|www\.)
        [-a-z0-9+&@#\/%?=~_|!:,.;]*[-a-z0-9+&@#\/%=~_|]/i", $website))
    {
        $websiteErr="无效的 URL";
    }
}
if(empty($_POST["comment"]))
{
    $comment="";
}
```

```php
        else
        {
            $comment=test_input($_POST["comment"]);
        }
        if(empty($_POST["gender"]))
        {
            $genderErr="性别是必选的";
        }
        else
        {
            $gender=test_input($_POST["gender"]);
        }
    }

    function test_input($data)
    {
        $data=trim($data);
        $data=stripslashes($data);
        $data=htmlspecialchars($data);
        return $data;
    }
?>
<h2>PHP 表单验证实例</h2>
<p><span class="error">*必需的字段</span></p>
<form method="post"
        action="<?php echo htmlspecialchars($_SERVER["PHP_SELF"]);?>">
    姓名：<input type="text" name="name" value="<?php echo $name;?>">
    <span class="error">*<?php echo $nameErr;?></span>
    <br><br>
    电邮：<input type="text" name="email" value="<?php echo $email;?>">
    <span class="error">*<?php echo $emailErr;?></span>
    <br><br>
    网址：<input type="text" name="website" value="<?php echo $website;?>">
    <span class="error"><?php echo $websiteErr;?></span>
    <br><br>
    评论：<textarea name="comment" rows="5" cols="40"><?php echo $comment;?></textarea>
    <br><br>
    性别：
```

```
            <input type="radio" name="gender" <?php if(isset($gender) && $gender=="female")
echo "checked";?> value="female">女性
            <input type="radio" name="gender" <?php if(isset($gender) && $gender=="male")
echo "checked";?> value="male">男性
            <span class="error">*<?php echo $genderErr;?></span>
            <br><br>
       <input type="submit" name="submit" value="提交">
    </form>
    <?php
       echo "<h2>您的输入：</h2>";
       echo $name;        echo "<br>";
       echo $email;       echo "<br>";
       echo $website;     echo "<br>";
       echo $comment;     echo "<br>";
       echo $gender;
    ?>
  </body>
</html>
<!--
<span>在 CSS 定义中属于一个行内元素，在行内定义一个区域，也就是一行内可以被<span>划分成好几个区域，从而实现某种特定效果。<span>本身没有任何属性。
<div>在 CSS 定义中属于一个块级元素<div>可以包含段落、标题、表格甚至其他部分。这使 DIV 便于建立不同集成的类，如章节、摘要或备注。
在页面效果上，使用<div>会自动换行，使用<span>就会保持同行。
-->
```

运行结果（见图 1-2-8）：

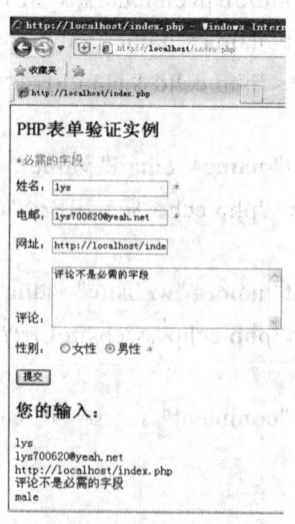

图 1-2-8 运行结果

2.6 习　题

一、单项选择题

1. 思考如下代码，如果用户在两个文本域中分别输入"php"和"great"，脚本输出什么？（　　　）

```
<form action="index.php" method="post">
    <input type="text" name="element[]">
    <input type="text" name="element[]">
    <input type="submit" name="submit">
</form>
<?php
    echo $_POST['element'][0].$_POST['element'][1];
?>
```

A. 什么都没有

B. Array

C. 一个提示

D. phpgreat√

E. greatphp

2. 以下可以匹配中国居民身份证号码的正则表达式是（　　　）。

A. \d{15}

B. \d{18}

C. \d

D. \d{15}|\d{18}√

3. 以下哪个 PCRE 正则表达式能匹配字符串 php|architect？（　　　）

A. .*√?

B. ...|.........√?

C. \d{3}\|\d{8}

D. [az]{3}\|[az]{9}

E. [a-z][a-z][a-z]\|\w{9}√

F. [a-z]{3}\|\w{9}√

注：PHP 中有两套正则函数，两者功能差不多，分别为：

（1）PCRE(Perl Compatible Regular Expression)库提供的。使用"preg_"为前缀命名的函数；

（2）POSIX(Portable Operating System Interface of Unix)扩展提供的。使用以"ereg_"为前缀命名的函数；

在 PCRE 中，通常将模式表达式（即正则表达式）包含在两个反斜线"/"之间，如"/apple/"。

\d，匹配一个数字，等价于[0-9]。

\w，匹配一个英文字母、数字或下划线，等价于[0-9a-zA-Z_]。

\W，匹配除英文字母、数字和下划线以外任何一个字符，等价于[^0-9a-zA-Z_]。

\\1，提取第一位的属性。

/^\d{2}([\W])\d{2}\\1\d{4}$，匹配"12-31-2006""09/27/1996""86 01 4321"等字符串。但上述正则表达式不匹配"12/34-5678"的格式，这是因为模式"[\W]"的结果"/"已经被存储。下个位置"\\1"引用时，其匹配模式也是字符"/"。当不需要存储匹配结果时使用非存储模式单元"(？：)"，例如/(?:a|b|c)(D|E|F)\\1g/将匹配"aEEg"。在一些正则表达式中，使用非存储模式单元是必要的，否则，需要改变其后引用的顺序。上例还可以写成/(a|b|c)(C|E|F)\\2g/。

```php
<?php
    if(preg_match("/^\d{2}([\W])\d{2}\\1\d{4}$/", "12-31-2006"))
    {
        echo "A match was found.";
    }
    else
    {
        echo "A match was not found.";
    }
?>
```

二、多项选择题

1. index.php 脚本如何访问表单元素 email 的值？（　　）

    ```
    <form action="index.php" method="post">
    <input type="text" name="email"/>
    </form>
    ```

    A. $_GET["email"]
    B. $_POST["email"]√
    C. $_SESSION["text"]
    D. $_REQUEST["email"]√
    E. $_POST["text"]

2. 正则表达式/.**123\d/能与以下哪些选项匹配？（　　）

    A. ******123
    B. *****_1234
    C. ******1234√
    D. _*1234√
    E. _*123

三、问答题

1. 在 PHP5 中，表单 get 与 post 提交方法有什么区别？（2分）

答：get 是发送请求，HTTP 协议通过 url 参数传递进行接收，而 post 是实体数据，可以通过表单提交大量信息。

2. 请说出 POSIX 风格和兼容 Perl 风格两种正则表达式的主要区别及如下函数的功能？
　　　　　　　eregi()，spliti()，preg_match()，preg_replace_callback()

eregi()函数：拿正则表达式去匹配一串字符串，查找有没有满足条件的，如果有，将匹配到的多组数据存入到提供的第三个参数数组中。

spliti()函数：用正则表达式不区分大小写将字符串分割到数组中。

preg_replace()函数：匹配替换。

preg_replace_callback()函数：匹配到的字符串通过回调函数来处理。

preg_match()函数：用于进行正则表达式匹配，成功返回 1，否则返回 0。preg_match() 匹配成功一次后就会停止匹配，如果要实现全部结果的匹配，则需使用 preg_match_all()。

```php
<?php
    //模式定界符后面的"i"表示不区分大小写字母的搜索
    if(preg_match("/.*\*123\d/i", "******1234"))
    {
        echo "A match was found.";
    }
    else
    {
        echo "A match was not found.";
    }
?>
```

3 高级教程

3.1 多维数组

在本教程之前的章节中,我们已经知道数组是一种数/值对的简单列表,不过,有时希望用一个以上的键存储值,可以用多维数组进行存储。

多维数组指的是包含一个或多个数组的数组,PHP 能理解二、三、四或五级甚至更多级的数组,不过,超过三级深的数组对于大多数人难于管理。

数组的维度指示了需要选择元素的索引数,对于二维数组,就需要两个索引来选取元素,对于三维数组,需要三个索引来选取元素。

3.1.1 二维数组

二维数组是数组的数组(三维数组是数组的数组的数组)。请看下面的表格(见表 1-3-1):

表 1-3-1 二维数组

品牌	库存	销量
Volvo	22	18
BMW	15	13
Saab	5	2
Land Rover	17	15

存储数据如下:

```
$cars=array
(
  array("Volvo", 22, 18),
  array("BMW", 15, 13),
  array("Saab", 5, 2),
  array("Land Rover", 17, 15)
);
```

现在这个二维数组包含了四组数据,并且它有两个索引(下标):行和列,如需访问$cars数组中的元素,我们必须使用两个索引(行和列):

```
<?php
  $cars=array
  (
```

```
    array("Volvo", 22, 18),
    array("BMW", 15, 13),
    array("Saab", 5, 2),
    array("Land Rover", 17, 15)
);
echo "品牌{$cars[0][0]}, 库存{$cars[0][1]}, 销量{$cars[0][2]}<br>";
echo "品牌{$cars[1][0]}, 库存{$cars[1][1]}, 销量{$cars[1][2]}<br>";
echo "品牌{$cars[2][0]}, 库存{$cars[2][1]}, 销量{$cars[2][2]}<br>";
echo "品牌{$cars[3][0]}, 库存{$cars[3][1]}, 销量{$cars[3][2]}<br>";
?>
```

运行结果如图 1-3-1 所示。

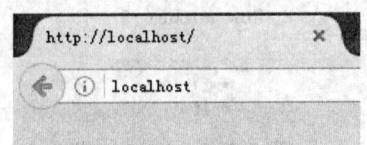

图 1-3-1　运行结果

也可以在 For 循环中使用另一个 For 循环，来获得$cars 数组中的元素（这里仍需使用两个索引）：

```
<?php
  $cars=array
  (
    array("Volvo", 22, 18),
    array("BMW", 15, 13),
    array("Saab", 5, 2),
    array("Land Rover", 17, 15)
);
  for($row=0;$row<4;$row++)
  {
    echo "<p><b>Row number $row</b></p>
          <ul>";
    for($col=0;$col<3;$col++)
      echo "<li>{$cars[$row][$col]}</li>";
    echo "</ul>";
  }
?>
```

运行结果如图 1-3-2 所示。

Row number 0
- Volvo
- 22
- 18

Row number 1
- BMW
- 15
- 13

Row number 2
- Saab
- 5
- 2

Row number 3
- Land Rover
- 17
- 15

图 1-3-2　运行结果

3.2　日期和时间

3.2.1　Date()函数

Date()函数把时间戳格式化为更易读的日期和时间。

语法：

date（format，timestamp）

format，必需，规定时间戳的格式。Timestamp，可选，规定时间戳，默认是当前时间和日期。时间戳是一种字符序列，它表示具体事件发生的日期和事件。

1. 获得简单的日期

date()函数的格式参数是必需的，它们规定如何格式化日期或时间。下面列出了一些常用于日期的字符（见表 1-3-2）。

表 1-3-2　常用于日期的字符

d	表示月里的某天（01~31）
m	表示月（01~12）
Y	表示年（四位数）
l（小写字母 l）	表示周里的某天

其他字符，比如"/"，"."或"-"也可被插入字符中，以增加其他格式。下面的例子用三种不同方法格式今天的日期。

```php
<?php
    echo "今天是".date("Y/m/d")."<br>";
    echo "今天是".date("Y.m.d")."<br>";
    echo "今天是".date("Y-m-d")."<br>";
    echo "今天是".date("l");
?>
```

运行结果（见图 1-3-3）：

今天是2016/06/24
今天是2016.06.24
今天是2016-06-24
今天是Friday

图 1-3-3　运行结果

2．自动版权年份

使用 date()函数在网站上自动更新版本年份：

©2010-<?php echo date("Y")?>

3．获得简单的时间

下面是常用于时间的字符（见表 1-3-3）：

表 1-3-3　常用于时间的字符

h	带有首位零的 12 小时格式
i	带有首位零的分钟
s	带有首位零的秒（00～59）
a	小写的午前和午后（am 或 pm）

下面的例子以指定的格式输出当前时间：

```php
<?php
    date_default_timezone_set("Asia/Shanghai");
    echo "现在时间是".date("h:i:sa");
?>
```

请注意，date()函数返回服务器的当前日期/时间！

4．设置时区

如果从代码返回的不是正确的时间，有可能是因为你的服务器位于其他国家或者被设置为不同时区，因此，如果需要基于具体位置的准确时间，可以设置要用的时区。下面的例子把时区设置为"PRC"，然后以指定格式输出当前时间：

```php
<?php
    date_default_timezone_set("PRC");
    echo "当前时间是".date("H:i:sa");
?>
```

3.2.2 通过 mktime()创建日期

date()函数中用可选的时间戳参数规定时间戳,如果未规定时间戳,将使用当前日期和时间(正如上例中那样)。

mktime()函数返回日期的 Unix 时间戳,Unix 时间戳包含 Unix 纪元(1970 年 1 月 1 日 00:00:00 GMT)与指定时间之间的秒数。

语法:

mktime(hour,minute,second,month,day,year)

下面的例子使用 mktime()函数中的一系列参数来创建日期和时间:

```php
<?php
    $d=mktime(9, 12, 31, 6, 10, 2015);
    echo "创建日期是".date("Y-m-d h:i:sa", $d);
?>
```

3.2.3 通过 strtotime()用字符串来创建日期

strtotime(time,now)函数用于把人类可读的字符串转换为 Unix 时间。下面的例子通过 strtotime()函数创建日期和时间:

```php
<?php
    $d=strtotime("10:38pm April 15 2015");
    echo "创建日期是".date("Y-m-d h:i:sa", $d);
?>
```

PHP 在将字符串转换为日期这方面非常聪明,所以能够使用各种值:

```php
<?php
    $d=strtotime("tomorrow");
    echo date("Y-m-d h:i:sa", $d)."<br>";

    $d=strtotime("next Saturday");
    echo date("Y-m-d h:i:sa", $d)."<br>";

    $d=strtotime("+3 Months");
    echo date("Y-m-d h:i:sa", $d)."<br>";
?>
```

不过,strtotime()并不完美,所以请记得检查放入其中的字符串。下例输出 6 个周六的日期:

```php
<?php
    $startdate=strtotime("Saturday");
    $enddate=strtotime("+6 weeks", $startdate);
    while($startdate<$enddate)
    {
```

```
    echo date("M d", $startdate), "<br>";
    $startdate=strtotime("+1 week", $startdate);
  }
?>
```
下例输出七月四日之前的天数:
```
<?php
  $d1=strtotime("July 4");
  $d2=ceil(($d1-time())/60/60/24);
  echo "距离七月四日还有:{$d2}天。";
?>
```

3.3 include 文件

服务器端包含（SSI，Server Side Include）用于创建可在多个页面重复使用的函数、页眉、页脚或元素，include（或 require）语句会获取指定文件中存在的所有文本/代码/标记，并复制到使用 include 语句的文件中，如果需要在网站的多张页面上引用相同的 PHP、HTML 或文本，包含文件很有用。

3.3.1 include 和 require 语句

通过 include 或 require 语句，可以将 PHP 文件的内容插入另一个 PHP 文件（在服务器执行它之前）。除了错误处理方面，include 和 require 语句是相同的，require 会生成致命错误（E_COMPILE_ERROR，64）并停止脚本，include 只生成警告（E_WARNING，2），并且脚本会继续，因此，如果希望继续执行，并向用户输出结果，即使包含文件已丢失，那么使用 include。否则，在框架、内容管理系统（Content Management System，简称 CMS）或者复杂的 PHP 应用程序编程中，使用 require 向执行流引用关键文件，在某个关键文件意外丢失的情况下，这有助于提高应用程序的安全性和完整性。

包含文件省去了大量的工作，这意味着可以为所有页面创建标准页头、页脚或者菜单文件，然后，在页头需要更新时，只需更新这个页头包含文件即可。

3.3.2 include 实例

例 假设我们有一个名为"footer.php"的标准页脚文件:
```
<?php
  echo "<p>Copyright&copy; 2006-".date("Y")." W3School.com.cn</p>";
?>
```
注释：有三种方法输出版权符号©：① 保存编码 UTF-8；② 实体命名&copy；③ 十进制数&#169；

如需在一张页面"index.php"中引用这个页脚文件，使用 include 语句：

```
<html>
    <body>
        <h1>欢迎访问我们的首页！</h1>
        <p>一段文本。</p>
        <p>一段文本。</p>
        <?php include 'footer.php';?>
    </body>
</html>
```

例 假设我们有一个名为"**menu.php**"的标准菜单文件：

```
<?php
    echo '<a href="/index.php">首页</a> -
    <a href="/html/index.php">HTML 教程</a> -
    <a href="/css/index.php">CSS 教程</a> -
    <a href="/js/index.php">JavaScript 教程</a> -
    <a href="/php/index.php">PHP 教程</a>';
?>
```

网站中的所有页面均使用此菜单文件，具体的做法是（我们使用了一个<div>元素，这样就可以轻松地通过 CSS 设置样式）：

```
<html>
    <body>
        <div class="menu">
            <?php include 'menu.php';?>
        </div>
        <h1>欢迎访问我的首页！</h1>
        <p>Some text.</p>
        <p>Some more text.</p>
    </body>
</html>
```

运行结果（见图 1-3-4）：

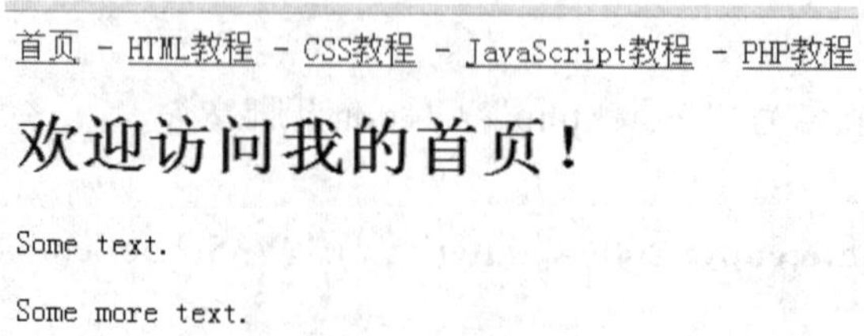

首页 - HTML教程 - CSS教程 - JavaScript教程 - PHP教程

欢迎访问我的首页！

Some text.

Some more text.

图 1-3-4　运行结果

例 假设我们有一个名为"**vars.php**"的文件，其中定义了一些变量：

```php
<?php
    $color='银色的';
    $car='奔驰轿车';
?>
```
然后，如果我们引用这个"vars.php"文件，就可以在调用文件中使用这些变量：
```
<html>
    <body>
        <h1>欢迎访问我的首页！</h1>
        <?php
            include 'vars.php';
            echo "我有一辆".$color.$car."。";
        ?>
    </body>
</html>
```

3.3.3 include 和 require 的比较

require 语句同样用于向 PHP 代码中引用文件，不过，include 与 require 有一个巨大的差异，如果用 include 语句引用某个文件（noFileExists.php 不存在）并且 PHP 无法找到它，脚本会显示警告并继续执行：

```
<html>
    <body>
        <h1>Welcome to my home page!</h1>
        <?php
            @ini_set('display_errors', 1);//可以通过设置，显示错误！
            include 'noFileExists.php';
            echo "I have a $color $car.";
        ?>
    </body>
</html>
```

运行结果（见图 1-3-5）：

Welcome to my home page!

Warning: include(noFileExists.php) [function.include]: failed to open stream: No such file or directory in C:\wamp\www\index.php on line 5

Warning: include() [function.include]: Failed opening 'noFileExists.php' for inclusion (include_path='.;C:\php5\pear') C:\wamp\www\index.php on line 5
I have a .

图 1-3-5 运行结果

从运行结果来看，include 语句引用 noFileExists.php，由于不存在，脚本显示警告（Warning），但继续执行，输出"I have a ."。

如果使用 require 语句完成相同的案例，echo 语句不会继续执行，因为在 require 语句返回严重错误之后脚本就会终止执行：

```
<html>
  <body>
    <h1>Welcome to my home page!</h1>
    <?php
      @ini_set('display_errors', 1); //可以通过设置，显示错误！
      require 'noFileExists.php';
      echo "I have a $color $car.";
    ?>
  </body>
</html>
```

运行结果（见图 1-3-6）：

Welcome to my home page!

Warning: require(noFileExists.php) [function.require]: failed to open stream: No such file or directory in **C:\wamp\www\index.php** on line 5

Fatal error: require() [function.require]: Failed opening required 'noFileExists.php' (include_path='.;C:\php5\pear' **C:\wamp\www\index.php** on line 5

图 1-3-6　运行结果

从运行结果来看，require 语句引用 noFileExists.php，由于不存在，脚本显示严重错误（Fatal），echo 语句不会继续执行，不会输出"I have a ."。

结论：

（1）当文件被应用程序请求时，请使用 require；

（2）当文件不是必需的，且应用程序在文件未找到时应该继续运行时，请使用 include。

3.3.4　require_once

require_once()语句在脚本执行期间包含并运行指定文件（通俗一点，括号内的文件会执行一遍）。此行为和 require()语句类似，唯一区别是如果该文件中的代码已经被包含了，则不会再次包含。

3.4　文件处理

3.4.1　操作文件

PHP 拥有多种函数创建、读取、上传以及编辑文件。当操作文件时必须非常小心，如果操作失误，可能会造成非常严重的破坏。

3.4.2 readfile()函数

readfile()函数读取文件,并把它写入输出缓冲。假设有一个名为 webdictionary.txt 的文本文件,存放在服务器上,其内容为:

AJAX=Asynchronous JavaScript and XML
CSS=Cascading Style Sheets
HTML=HyperText Markup Language
PHP=PHP Hypertext Preprocessor
SQL=Structured Query Language
SVG=Scalable Vector Graphics
XML=Extensible Markup Language

读取此文件并写到输出流的 PHP 代码如下(如读取成功则 readfile()函数返回字节数):

```
<?php
  echo readfile("webdictionary.txt");
?>
```

运行结果(见图 1-3-7):

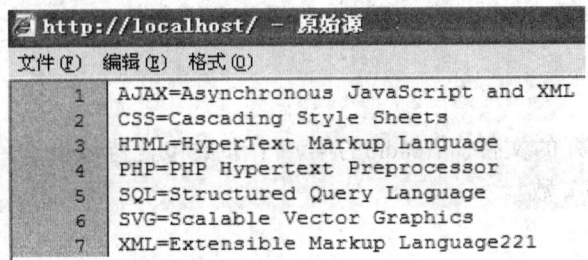

图 1-3-7 运行结果

最后的 221 表示 readfile()函数读取的字节数,是由 echo 写到输出流的,其余的内容是由 readfile()函数直接写到输出流的。

如果用户想做的所有事情就是打开一个文件并读取其内容,那么 readfile()函数很有用。

3.5 文件打开/读取/关闭

在本节中,我们向你讲解如何在服务器上打开、读取以及关闭文件。

3.5.1 文件打开

打开文件更好的方法是通过 fopen()函数,此函数提供比 readfile()函数更多的选项。fopen()函数的第一个参数包含被打开的文件名,第二个参数规定打开文件的模式。如果 fopen()函数未能打开指定的文件,下面的例子会生成一段消息:

```
<?php
  $myfile=fopen("webdictionary.txt", "r") or die("不能打开文件!");
```

```
  echo fread($myfile, filesize("webdictionary.txt")); //把 webdictionary.txt 文件读至结尾
  fclose($myfile); //关闭打开的文件
?>
```

文件会以如下模式之一打开（见表 1-3-4）：

表 1-3-4 文件打开模式

模式	描述
r	打开文件为只读，文件指针在文件的开头开始
w	打开文件为只写，删除文件的内容或创建一个新的文件，文件指针在文件的开头开始
a	打开文件为只写，文件中的现有数据会被保留，文件指针在文件结尾开始，如果文件不存在，创建新的文件
x	创建新文件为只写，如果文件已存在，返回 FALSE 和错误
r+	打开文件为读/写，文件指针在文件开头开始
w+	打开文件为读/写，删除文件内容或创建新文件，文件指针在文件开头开始
a+	打开文件为读/写，文件中已有的数据会被保留，文件指针在文件结尾开始，如果它不存在，创建新文件
x+	创建新文件为读/写，如果文件已存在，返回 FALSE 和错误

3.5.2 文件读取

fread()函数读取打开的文件。fread()的第一个参数包含待读取文件的文件名，第二个参数规定待读取的最大字节数。

3.5.3 关闭文件

fclose()函数用于关闭打开的文件，用完文件后把它们全部关闭是一个良好的编程习惯，fclose()需要待关闭文件的名称（或者存有文件名的变量）。

3.5.4 读取单行文件 fgets()

fgets()函数用于从文件读取单行，下例从标准输入设备即键盘输入若干行，输出每个单词及其频数，例如，

输入：

hello world

hello hadoop

输出：

hello 2

world 1

hadoop 1

```php
<?php
  $word2count=array();
```

```php
//标准输入 STDIN(standard input), 仅命令行 php.exe 才支持
while(($line=fgets(STDIN))!==false)
{
    //转换成小写，去掉两端空格
    $line=strtolower(trim($line));
    //切词
    $words=preg_split('/\W/', $line, 0, PREG_SPLIT_NO_EMPTY);//返回分隔后的非空部分
    //\W 这里是大写，字模式
    //将相应字数+1
    foreach($words as $word)
    {
        $word2count[$word]+=1;
    }//foreach
}//while
//结果果写到 STDOUT(standard output)
foreach($word2count as $word=>$count)
{
    echo $word, chr(9), $count, PHP_EOL;//chr(9)是制表符，PHP_EOL 是行结束符
}//foreach
?>
```

注意：

（1）调用 fgets()函数之后，文件指针会移动到下一行；

（2）另存为编码为 ANSI；

（3）运行命令行为 C:\wamp\php>php.exe Mapper.php；

（4）按 F6 功能键结束键盘输入。

3.5.5 检查 End Of File

feof()函数检查是否已到达"End Of File"（EOF），feof()对于遍历未知长度的数据很有用，下例逐行读取 webdictionary.txt 文件，直到 End Of File：

```php
<?php
$myfile=fopen("webdictionary.txt", "r") or die("不能打开文件!");
//输出单行直到 end-of-file
while(!feof($myfile))
    echo fgets($myfile)."<br>";
fclose($myfile);
?>
```

3.5.6 读取单字符

fgetc()函数用于从文件中读取单个字符，下例逐字符读取 webdictionary.txt 文件，直到 end-of-file：

```
<?php
    $myfile=fopen("webdictionary.txt", "r") or die("不能打开文件!");
    //输出单字符直到 end-of-file
    while(!feof($myfile))
        echo fgetc($myfile);
    fclose($myfile);
?>
```

注意，在调用 fgetc()函数之后，文件指针会自动移动到下一个字符。

3.6 文件创建/写入

在本节中将为你讲解如何在服务器上创建并写入文件。

3.6.1 创建文件

fopen()函数也用于创建文件。在 PHP 中，创建文件所用的函数与打开文件的相同。假定文件被打开为写入 w 或增加 a，如果文件并不存在，此函数会创建文件。如果试图创建文件时发生错误，请检查是否有向硬盘写入信息的 PHP 文件访问权限。

3.6.2 写入文件

fwrite()函数用于写入文件。fwrite()的第一个参数包含要写入的文件名，第二个参数是被写的字符串。下面的例子把姓名写入名为 newfile.txt 的新文件中：

```
<?php
    $myfile=fopen("newfile.txt", "w") or die("不能打开文件!");
    $txt="Bill Gates\n";
    fwrite($myfile, $txt);
    $txt="Steve Jobs\n";
    fwrite($myfile, $txt);
    fclose($myfile);
?>
```

3.6.3 覆　盖

如果现在 newfile.txt 包含了一些数据，在写入已有文件时，所有已存在的数据会被擦除并以一个新文件开始。在下面的例子中，我们打开一个已存在的文件 newfile.txt，并向其中写入了一些新数据：

```
<?php
    $myfile=fopen("newfile.txt", "w") or die("不能打开文件!");
    $txt="Mickey Mouse\n";
    fwrite($myfile, $txt);
    $txt="Minnie Mouse\n";
    fwrite($myfile, $txt);
    fclose($myfile);
?>
```

如果现在打开这个 newfile.txt 文件，会发现 Bill 和 Steve 都已消失，只剩下我们刚写入的数据。

3.7 文件上传

通过 PHP，可以把文件上传到服务器。

3.7.1 创建一个文件上传表单

允许用户从表单上传文件是非常有用的。请看下面这个供上传文件的 HTML 表单（见图 1-3-8）：

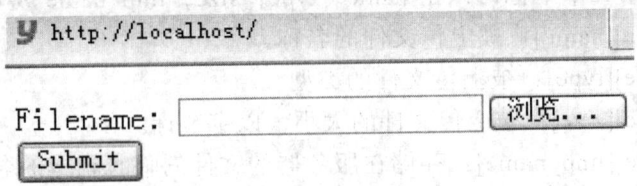

图 1-3-8 供上传文件的 HTML 表单

```
<html>
  <body>
    <form action="upload_file.php" method="post" enctype="multipart/form-data">
      <label for="file">Filename:</label>
      <input type="file" name="file" id="file"/>
      <br/>
      <input type="submit" name="submit" value="Submit"/>
    </form>
  </body>
</html>
```

请留意如下有关此表单的信息：

<form>标签的 enctype 属性规定了在提交表单时要使用哪种内容类型。在表单需要二进制数据时，比如文件内容，请使用"multipart/form-data"。

<input>标签的 type="file"属性规定了应该把输入作为文件来处理。举例来说,当在浏览器中预览时,会看到输入框旁边有一个浏览按钮。

注意:允许用户上传文件是一个巨大的安全风险。请仅仅允许可信的用户执行文件上传操作。

3.7.2 创建上传脚本

upload_file.php 文件含有供上传文件的代码:

```php
<?php
    if($_FILES[file][error]>0)
        echo "错误: {$_FILES[file][error]}<br/>";
    else
    {
    echo "文件名: {$_FILES[file][name]}<br/>";
    echo "类型: {$_FILES[file][type]}<br/>";
    echo "大小: ".($_FILES[file][size]/1024)."Kb<br/>";
    echo "上传临时位置: {$_FILES[file][tmp_name]}";
    }
?>
```

通过使用 PHP 的全局数组$_FILES,可以从客户计算机向远程服务器上传文件。第一个参数是表单的 file,第二个下标可以是 name,type,size,tmp_name 或 error:

(1) $_FILES[file][name]:被上传文件的名称。

(2) $_FILES[file][type]:被上传文件的类型。

(3) $_FILES[file][size]:被上传文件的大小,以字节计。

(4) $_FILES[file][tmp_name]:存储在服务器的文件的临时副本的名称。

(5) $_FILES[file][error]:由文件上传导致的错误代码。

这是一种非常简单文件上传方式,基于安全方面的考虑,应当增加有关什么用户有权上传文件的限制。

3.7.3 上传限制

在这个脚本中增加了对文件上传的限制,用户只能上传.gif 或.jpeg 文件,文件大小必须小于 20 kb:

```php
<?php
    if((($_FILES[file][type]=="image/gif") || ($_FILES[file][type]=="image/jpeg") || ($_FILES[file][type]=="image/pjpeg")) && ($_FILES[file][size]<20000))
    {
        if($_FILES[file][error]>0)
            echo "Error: {$_FILES[file][error]}<br/>";
        else
```

```php
        {
            echo "上传文件的名称: {$_FILES[file][name]}<br/>";
            echo "上传文件的类型: {$_FILES[file][type]}<br/>";
            echo "上传文件的大小: ".($_FILES[file][size]/1024)."Kb<br/>";
            echo "存储在服务器的文件的临时副本的名称: {$_FILES[file][tmp_name]}";
        }
    }
    else
        echo "非法文件";
?>
```

注释：对于 IE，识别 jpg 文件的类型必须是 pjpeg，对于 FireFox，必须是 jpeg。

3.7.4 保存上传的文件

上面的例子在服务器的临时文件夹（C:\wamp\tmp）创建了一个上传文件的临时副本，这个临时的文件会在脚本结束时消失（脚本没结束，就不消失，因此，要观察上传的临时副本，需要在脚本设置一个无限循环比如 while（1）即可），要保存上传的文件，需要把它拷贝到另外的位置：

```php
<?php
    if((($_FILES["file"]["type"]=="image/gif") || ($_FILES["file"]["type"]=="image/jpeg")
|| ($_FILES["file"]["type"]=="image/pjpeg")) && ($_FILES["file"]["size"]<120000))
    {
        if($_FILES["file"]["error"]>0)
            echo "返回代码: ".$_FILES["file"]["error"]."<br/>";
        else
        {
            echo "上传文件的名称: ".$_FILES["file"]["name"]."<br/>";
            echo "上传文件的类型: ".$_FILES["file"]["type"]."<br/>";
            echo "上传文件的大小: ".($_FILES["file"]["size"]/1024)."Kb<br/>";
            echo "临时文件: ".$_FILES["file"]["tmp_name"]."<br/>";
            if(file_exists("upload/".$_FILES["file"]["name"]))
                echo $_FILES["file"]["name"]." 已经存在。";
            else
            {
                move_uploaded_file($_FILES["file"]["tmp_name"], "upload/".$_FILES["file"]["name"]);
                echo "保持在: "."upload/".$_FILES["file"]["name"];
            }//else
        }//else
```

```
}//if
else
    echo "非法文件";
?>
```

上面的脚本检测了此文件是否已存在，如果不存在，则把文件拷贝到指定的文件夹。注意：这个例子把文件保存到了名为"upload"的新文件夹，上传时，先在C:\wamp下创建好。

move_uploaded_file（file，newloc）函数将上传的文件移动到新位置。若成功，则返回true，否则返回false。本函数检查并确保由file指定的文件是合法的上传文件（即通过PHP的HTTP POST上传机制所上传的）。如果文件合法，则将其移动为由newloc指定的文件。如果file不是合法的上传文件，不会出现任何操作，move_uploaded_file()将返回false。如果file是合法的上传文件，但出于某些原因无法移动，不会出现任何操作，move_uploaded_file()将返回false，此外还会发出一条警告。这种检查显得格外重要，如果上传的文件有可能会造成对用户或本系统的其他用户显示其内容的话。本函数仅用于通过HTTP POST上传的文件。如果目标文件已经存在，将会被覆盖。

3.8 Cookies

3.8.1 什么是Cookie？

cookie常用于识别用户。cookie是服务器留在用户计算机中的小文件，每当相同的计算机通过浏览器请求页面时，它同时会发送cookie。通过PHP，用户能够创建并取回cookie的值。

3.8.2 如何创建cookie？

setcookie()函数用于设置cookie。setcookie()函数必须位于<html>标签之前。

语法：

setcookie(name，value，expire，path，domain);

在下面的例子中，我们将创建名为user的cookie，为它赋值"Alex Porter"，同时规定此cookie在一小时后过期：

```
<?php
    setcookie("user", "Alex Porter", time()+3600);
?>
<html>
    <body>
    </body>
</html>
```

在发送cookie时，cookie的值会自动进行URL编码，在取回时进行自动解码（为防止URL编码，请使用setrawcookie()）。

3.8.3 如何取回 Cookie 的值？

PHP 的$_COOKIE 变量用于取回 cookie 的值。在下面的例子中，我们取回了名为 user 的 cookie 的值，并把它显示在了页面上：

```
<?php
    echo $_COOKIE[user];
    print_r($_COOKIE);
?>
```

在下面的例子中，我们使用 isset()函数来确认是否已设置了 cookie：

```
<?php
    if(isset($_COOKIE[user]))
        echo "Welcome $_COOKIE[user]!<br/>";
    else
        echo "Welcome guest!<br/>";
?>
```

3.8.4 如何删除 cookie？

当删除 cookie 时，应当使过期日期变更为过去的时间点。

```
<?php
    setcookie("user", "", time()-3600);//setcookie(name, value, expire);
?>
```

3.8.5 如果浏览器不支持 cookie 该怎么办？

如果应用程序涉及不支持 cookie 的浏览器，就不得不采取其他方法在应用程序中从一张页面向另一张页面传递信息。其中一种方式是从表单传递数据。

下面的表单在用户单击提交按钮时向"welcome.php"提交了用户输入：

```
<html>
    <body>
        <form action="welcome.php" method="post">
            Name:<input type="text" name="name"/>
            Age:<input type="text" name="age"/>
            <input type="submit"/>
        </form>
    </body>
</html>
```

welcome.php：

```
<html>
    <body>
        Welcome <?php echo $_POST[name];?>.<br/>
```

```
      You are <?php echo $_POST[age];?> years old.
    </body>
</html>
```

3.9 Sessions

session 变量用于存储有关用户会话的信息，或更改用户会话的设置。Session 变量保存的信息是单一用户的，并且可供应用程序中的所有页面使用。

3.9.1 Session 变量

当运行一个应用程序时，先会打开它，做些更改操作，然后关闭它，这很像一次会话：计算机清楚你是谁，它知道你何时启动应用程序，并在何时终止。但是在因特网上，存在一个问题：服务器不知道你是谁以及你做什么，这是由于 HTTP 地址不能维持状态。

通过在服务器上存储用户信息以便随后使用，session 解决了这个问题（比如用户名称、购买商品等），不过，会话信息是临时的，在用户离开网站后将被删除，如果需要永久储存信息，可以把数据存储在数据库中。

Session 的工作机制是：为每个访问者创建一个唯一的 id（UID），并基于这个 UID 来存储变量，UID 存储在 cookie 中，亦或通过 URL 进行传递。

3.9.2 启动 Session

在你把用户信息存储到 session 中之前，首先必须启动会话。session_start() 函数必须位于 <html> 标签之前：

```
<?php
   @session_start();
?>
```

上面的代码会向服务器注册用户的会话，以便你可以开始保存用户信息，同时会为用户会话分配一个 UID。

注意：PHP 文件编码为 utf-8 时，会出现警告：

Warning: session_start()[function.session-start]: Cannot send session cache limiter - headers already sent (output started at C:\wamp\www\index.php:1) in **C:\wamp\www\index.php** on line **2**

此时可以在 session_start() 前面加一个@，或者修改 PHP 文件编码为 ANSI 即可。

3.9.3 存储 Session 变量

存储和取回 session 变量的正确方法是使用$_SESSION 变量：

```
<?php
   session_start();
   $_SESSION[views]=1;
?>
```

```php
<?php
  echo "Page views=$_SESSION[views]";
?>
```

在下面的例子中创建了一个简单的 page-view 计数器。isset()函数检测是否已设置 views 变量，如果已设置 views 变量，则累加计数器，如果 views 不存在，则创建 views 变量，并把它设置为 1：

```php
<?php
  session_start();
  if(isset($_SESSION[views]))
    $_SESSION[views]=$_SESSION[views]+1;
  else
    $_SESSION[views]=1;
  echo "Views=$_SESSION[views]";
?>
```

3.9.4 终结 Session

如果希望删除某些 session 数据，可以使用 unset()或 session_destroy()函数。unset()函数用于释放指定的 session 变量：

```php
<?php
  session_start();
  unset($_SESSION[views]);
?>
```

也可以通过 session_destroy()函数彻底终结 session：

```php
<?php
  session_start();
  session_destroy();
?>
```

session_destroy()将重置 session，然后将失去所有已存储的 session 数据。

3.10 发送电子邮件

PHP 允许从脚本直接发送电子邮件。

3.10.1 mail()函数

mail()函数用于从脚本中发送电子邮件。

语法：

mail(to, subject, message, headers, parameters)

To：必需，规定 email 接收者。

Subject：必需，规定 email 的主题，该参数不能包含任何新行字符，必须包含"Subject:"。

message：必需，定义要发送的消息，应使用 LF（\n）来分隔各行。

headers：可选，规定附加的标题，比如 From、Cc 以及 Bcc，应当使用 CRLF（\r\n）分隔附加的标题。

parameters：可选，对邮件发送程序规定额外的参数。

注意：PHP 需要一个已安装且正在运行的邮件系统，以便使邮件函数可用。所用的程序通过在 php.ini 文件中的配置设置进行定义，具体步骤如下：

（1）设置 php.ini：

```
[mail function]
; For Win32 only.

SMTP = smtp.qq.com
smtp_port=25

; For Win32 only.
sendmail_from = 530653481@qq.com

; For Unix only.  You may supply arguments as well (default: "sendmail -t -i").
;sendmail_path =

sendmail_path="D:/sendmail/sendmail.exe -t -i"
mail.add_x_header=On
```

（2）下载 sendmail.exe：http://glob.com.au/sendmail/。

（3）设置启动 POP3/SMTP 服务，同时获取授权码：keiezrvxjoztbjjc，如图 1-3-9 所示。

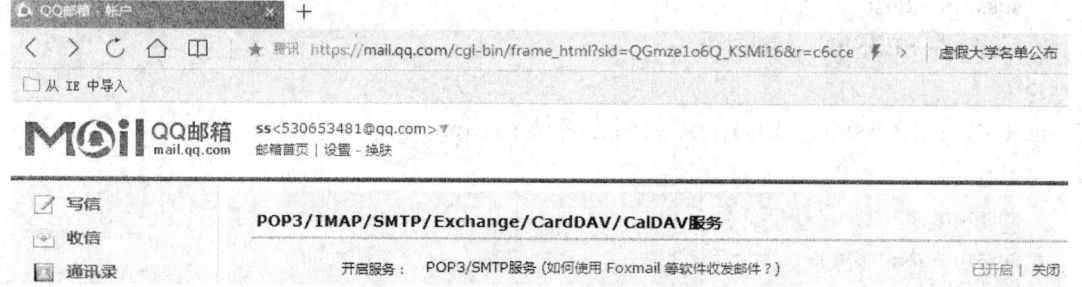

图 1-3-9　设置启动 POP3/SMTP 服务

（4）设置 sendmail.ini（见图 1-3-10）：

图 1-3-10　设置 sendmail.ini

3.10.2 简易 E-Mail

通过 PHP 发送电子邮件的最简单的方式是发送一封文本 e-mail。在下面的例子中，我们首先声明变量（$to，$subject，$message，$from，$headers），然后在 mail()函数中使用这些变量来发送了一封 e-mail：

```php
<?php
    $to="lys700620@yeah.net";
    $subject="Subject: Test mail";
    $message="Hello! This is a simple email message.";
    $from="530653481@qq.com";
    $headers="From: $from";
    mail($to，$subject, $message，$headers);
    echo "Mail Sent.";
?>
```

运行结果（见图 1-3-11）：

图 1-3-11 运行结果

注意：$subject 里必须包括 Subject，否则只能给自己发邮件。

3.10.3 Mail Form

通过 PHP 能够在自己的站点制作一个反馈表单。下面的例子向指定的 e-mail 地址发送了一条文本消息：

```php
<html>
  <body>
    <?php
      if(isset($_REQUEST['email']))   //if "email" is filled out, send email
      {
        //send email
        $email=$_REQUEST['email'];
        $subject=$_REQUEST['subject'];
        $message=$_REQUEST['message'];
        mail("lys700620@yeah.net", "Subject: $subject", $message, "From: $email");
        echo "Thank you for using our mail form";
```

```
            }
            else    //if "email" is not filled out, display the form
            {
                echo "
                    <form method='post' action='index.php'>
                        Email:<input name='email' type='text' /><br />
                        Subject:<input name='subject' type='text' /><br />
                        Message:<br />
                            <textarea name='message' rows='15' cols='40'>
                            </textarea><br />
                        <input type='submit' />
                    </form>";
            }
        ?>
    </body>
</html>
```

运行结果（见图 1-3-12）：

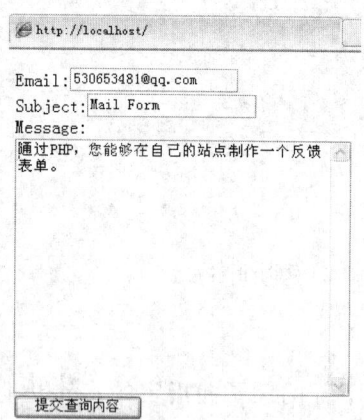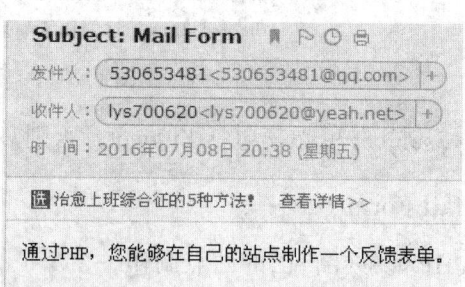

图 1-3-12　运行结果

例子解释：
（1）检查是否填写了邮件输入框；
（2）如果未填写（比如在页面被首次访问时），输出 HTML 表单；
（3）如果已填写（在表单被填写后），从表单发送邮件；
（4）当点击提交按钮后，重新载入页面，显示邮件发送成功的消息。

3.11　安全的电子邮件

在上一节的 e-mail 脚本中，存在着一个漏洞。

3.11.1 E-mail 注入

首先，请看上一节中的 PHP 代码：

```php
<html>
  <body>
    <?php
      if(isset($_REQUEST['email']))   //if "email" is filled out, send email
      {
        //send email
        $email=urldecode($_REQUEST['email']);
        $subject=$_REQUEST['subject'];
        $message=$_REQUEST['message'];
        mail("lys700620@yeah.net", "Subject: $subject", $message, "From: $email");
        echo "Thank you for using our mail form";
      }
      else   //if "email" is not filled out, display the form
      {
        echo "
          <form method='post' action='index.php'>
            Email:<input name='email' type='text' /><br />
            Subject:<input name='subject' type='text' /><br />
            Message:<br />
              <textarea name='message' rows='15' cols='40'>
              </textarea><br />
            <input type='submit' />
          </form>";
      }
    ?>
  </body>
</html>
```

以上代码存在的问题是，未经授权的用户可通过输入表单在邮件头部插入数据。假如用户在表单中的输入框内加入这些文本，会出现什么情况呢？

http://localhost/index.php?email=530653481@qq.com%0ACc:%20530653481@qq.com 530653481@qq.com%0ACc: 530653481@qq.com

与往常一样，mail()函数把上面的文本放入邮件头部，那么现在头部有了额外的 Cc:字段。当用户点击提交按钮时，这封 e-mail 会被发送到 530653481@qq.com！

3.11.2 防止 E-mail 注入

防止 e-mail 注入的最好方法是对输入进行验证。下面的代码与上一节类似,不过这里已经增加了检测表单中 email 字段的输入验证程序:

```
<html>
  <body>
    <?php
      function spamcheck($field)
      {
        //filter_var() sanitizes the e-mail
        //address using FILTER_SANITIZE_EMAIL
        $field=filter_var($field, FILTER_SANITIZE_EMAIL);
        //filter_var() validates the e-mail
        //address using FILTER_VALIDATE_EMAIL
        if(filter_var($field, FILTER_VALIDATE_EMAIL))
        {
          return TRUE;
        }
        else
        {
          return FALSE;
        }
      }
      if(isset($_REQUEST['email']))
      {//if "email" is filled out, proceed
        //check if the email address is invalid
        $mailcheck=spamcheck($_REQUEST['email']);
        if($mailcheck==FALSE)
        {
          echo "Invalid input";
        }
        else
        {//send email
          $email=urldecode($_REQUEST['email']);
          $subject=$_REQUEST['subject'] ;
          $message=$_REQUEST['message'] ;
          mail("lys700620@yeah.net", "Subject: $subject", $message, "From: $email" );
          echo "Thank you for using our mail form";
```

```
            }
        }
        else
        {//if "email" is not filled out, display the form
            echo "
                <form method='post' action='index.php'>
                    Email: <input name='email' type='text' /><br />
                    Subject: <input name='subject' type='text' /><br />
                    Message:<br /><textarea name='message' rows='15' cols='40'>
                        </textarea><br />
                    <input type='submit' />
                </form>";
        }
    ?>
    </body>
</html>
```

在上面的代码中，我们使用了 PHP 过滤器来对输入进行验证：

（1）FILTER_SANITIZE_EMAIL，从字符串中删除电子邮件的非法字符。

（2）FILTER_VALIDATE_EMAIL，验证电子邮件地址。

3.12 错误处理

在 PHP 中，默认的错误处理很简单，一条消息会被发送到浏览器，这条消息带有文件名、行号以及一条描述错误的消息。

在创建脚本和 Web 应用程序时，错误处理是一个重要的部分，如果代码中缺少错误检测编码，那么该程序看上去就很不专业，也为安全风险敞开了大门。

本教程介绍了 PHP 中一些最为重要的错误检测方法，下面将讲解不同的错误处理方法：

（1）简单的 die() 语句。

（2）自定义错误和错误触发器。

（3）错误报告。

3.12.1 基本的错误处理：使用 die() 函数

第一个例子展示了一个打开文本文件的简单脚本：

```
<?php
    $file=fopen("welcome.txt", "r");
?>
```

如果文件不存在，会获得类似这样的错误（见图 1-3-13）：

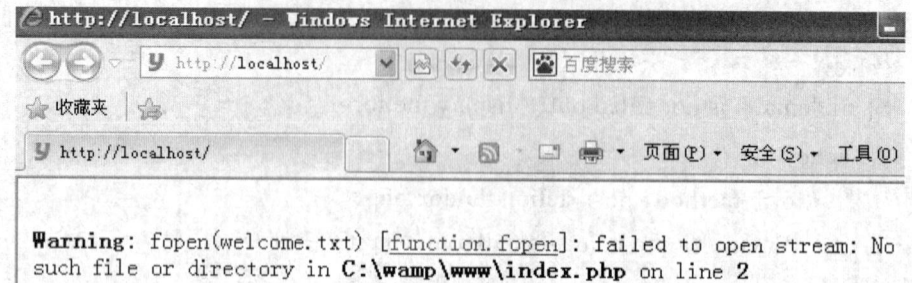

图 1-3-13　错误警告

为了避免用户获得类似上面的错误消息，在访问文件之前应该检测该文件是否存在：
```
<?php
   if(!file_exists("welcome.txt"))
      die("File not found");
   else
      $file=fopen("welcome.txt", "r");
?>
```
现在，假如文件不存在，就会得到类似这样的错误消息：File not found，比起之前的代码，上面的代码更有效，这是由于它采用了一个简单的错误处理机制，在错误之后终止了脚本。不过，简单地终止脚本并不总是恰当的方式。

3.12.2　创建自定义错误处理器

创建一个自定义的错误处理器非常简单，我们创建了一个专用函数，可以在 PHP 发生错误时调用该函数，该函数必须有能力处理至少两个参数（error level 和 error message），但是可以接受最多五个参数（还包含可选的 file，line-number 以及 error context）。让我们创建一个处理错误的函数：
```
function customError($errno, $errstr)
{
   echo "<b>Error:</b> [$errno] $errstr<br />";
   echo "Ending Script";
   die();
}
```
上面的代码是一个简单的错误处理函数，当它被触发时，会取得错误级别和错误消息，然后会输出错误级别和消息，并终止脚本。

现在，我们已经创建了一个错误处理函数，需要确定在何时触发该函数。

3.12.3　Set Error Handler

PHP 默认错误处理程序是内建的错误处理程序，现在打算把上面的函数改造为脚本运行期间的默认错误处理程序。可以修改错误处理程序，使其仅应用到某些错误，这样脚本就可以不同的方式来处理不同的错误，在本例中，我们打算针对所有错误来使用自定义错误处理程序。

由于希望自定义函数处理所有错误，set_error_handler()仅需要一个参数，可以添加第二个参数来规定错误级别，通过尝试输出不存在的变量，来测试这个错误处理程序：

```php
<?php
function customError($errno，$errstr)
{
    echo "<b>错误:</b> [$errno] $errstr";
}
set_error_handler(customError);
echo $test;
?>
```

3.12.4 触发错误

在用户输入数据的位置，当用户的输入无效时触发错误是很有用的，在PHP中，这个任务由 **trigger_error()** 完成，在本例中，如果 test 变量大于 1，就会发生错误：

```php
<?php
$test=2;
if($test>1)
    trigger_error("Value must be 1 or below");
?>
```

以上代码的输出应该类似这样（见图1-3-14）：

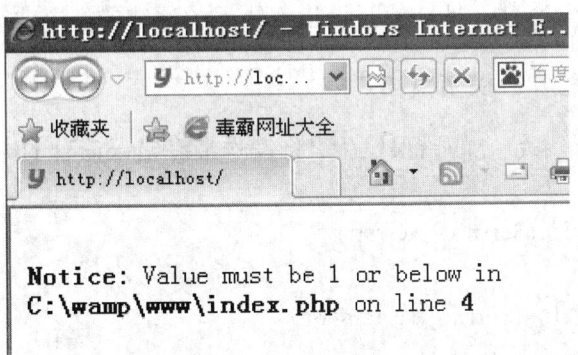

图 1-3-14　运行结果

可以在脚本中任何位置触发错误，通过添加的第二个参数，便能够规定所触发的错误级别，可能的错误类型如下：

（1）E_USER_ERROR，致命的用户生成的run-time错误，错误无法恢复，脚本执行被中断。

（2）E_USER_WARNING，非致命的用户生成的run-time警告，脚本执行不被中断。

（3）E_USER_NOTICE，默认，用户生成的run-time通知，脚本发现了可能的错误，也有可能在脚本运行正常时发生。

在本例中，如果 test 变量大于 1，则发生 E_USER_WARNING 错误；如果发生了 E_USER_WARNING，我们将使用自定义错误处理程序并结束脚本：

```php
<?php
  function customError($errno, $errstr)
  {
    echo "<b>错误:</b> [$errno] $errstr<br />";
    echo "Ending Script";
    die();
  }
  set_error_handler("customError", E_USER_WARNING);
  $test=2;
  if($test>1)
    trigger_error("Value must be 1 or below", E_USER_WARNING);
?>
```

以上代码的输出应该类似这样（见图 1-3-15）：

错误: [512] Value must be 1 or below
Ending Script

图 1-3-15　输出结果

3.12.5　错误记录

默认地，根据在 php.ini 中的 error_log 配置，PHP 向服务器的错误记录系统或文件发送错误记录。通过使用 **error_log()** 函数，可以向指定的文件或远程目的地发送错误记录。通过电子邮件向自己发送错误消息，是一种获得指定错误的通知的好办法。

3.12.6　通过 E-Mail 发送错误消息

在下面的例子中，如果特定的错误发生，将发送带有错误消息的电子邮件，并结束脚本：

```php
<?php
  function customError($errno, $errstr)
  {
    echo "<b>错误:</b> [$errno] $errstr<br />";
    echo "已通知网管";
    error_log("错误: [$errno] $errstr", 1, "530653481@qq.com", "From: lys700620@yeah.net");
  }
  set_error_handler("customError", E_USER_WARNING);
  $test=2;
  if($test>1)
    trigger_error("其值必须小于或等于 1", E_USER_WARNING);
?>
```

以上代码的输出应该类似这样（见图 1-3-16）：

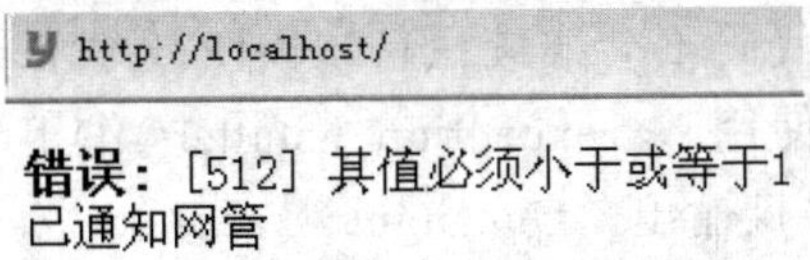

图 1-3-16　输出结果

接收自以上代码的邮件类似这样（见图 1-3-17）：

图 1-3-17　接收的邮件

这个方法不适合所有的错误，常规错误应当通过使用默认的 PHP 记录系统在服务器上进行记录。

注意：PHP 需要一个已安装且正在运行的邮件系统，以便使邮件函数可用。

3.13　异常处理

异常（Exception）用于在指定的错误发生时改变脚本的正常流程。

3.13.1　什么是异常

PHP5 提供了一种新的面向对象的错误处理方法，异常处理用于在指定的错误（异常）情况发生时改变脚本的正常流程，这种情况称为异常。当异常被触发时，通常会发生：

（1）当前代码状态被保存。

（2）代码执行被切换到预定义的异常处理器函数。

（3）根据情况，处理器也许会从保存的代码状态重新开始执行代码，终止脚本执行，或从代码中另外的位置继续执行脚本。

下面将展示不同的错误处理方法：

（1）异常的基本使用。

（2）创建自定义的异常处理器。

（3）多个异常。

（4）重新抛出异常。

（5）设置顶层异常处理器。

3.13.2 异常的基本使用

当异常被抛出时，其后的代码不会继续执行，PHP 会尝试查找匹配的 catch 代码块，如果异常没有被捕获，而且又没使用 set_exception_handler()作相应的处理的话，那么将发生一个严重的错误（致命错误），并且输出"Uncaught Exception"（未捕获异常）的错误消息。这里尝试抛出一个异常，同时不去捕获它：

```
<?php
function checkNum($number)
{
    if($number>1)
        throw new Exception("Value must be 1 or below");
    return true;
}
checkNum(2);
?>
```

上面的代码会获得类似这样的一个错误（见图 1-3-18）：

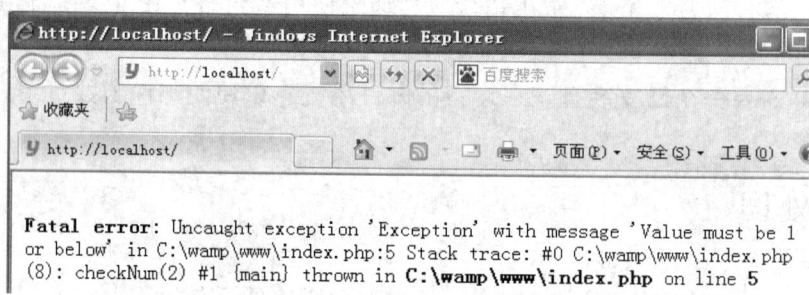

图 1-3-18　运行错误

3.13.3 try，throw 和 catch 结构

要避免上面例子出现错误，我们需要创建适当的代码来处理异常，正确的处理程序应当包括：

（1）try：使用异常的函数应该位于 try 代码块内。如果没有触发异常，则代码将照常继续执行，但是如果异常被触发，会抛出一个异常。

（2）throw：这里规定如何触发异常，每一个 throw 必须对应至少一个 catch。

（3）catch：catch 代码块会捕获异常，并创建一个包含异常信息的对象。

下面触发一个异常：

```
<?php
function checkNum($number) //创建 checkNum()函数
{
    if($number>1)//检测数字是否大于 1
        throw new Exception("Value must be 1 or below"); //如果是，则抛出一个异常。
    return true;
```

} //checkNum
try //在 try 代码块中触发异常
{
　　checkNum(2); //调用 checkNum()函数，checkNum()函数中的异常被抛出。
　　echo 'If you see this, then umber is 1 or below';
}
catch(Exception $e) //接收到该异常，并创建一个包含异常信息的对象$e
{
　　echo "Message:{$e->getMessage()}"; //调用 $e->getMessage()，
　　　　　　　　　　　　　　　　　　　　//输出来自该异常的错误消息
}
?>

上面代码将获得类似这样一个错误（见图 1-3-19）：

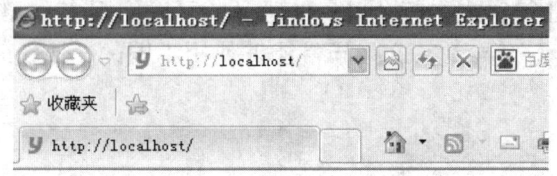

图 1-3-19　运行错误

3.13.4　创建一个自定义的 Exception 类

创建自定义的异常处理程序非常简单，我们简单地创建了一个专门的类，当 PHP 中发生异常时，可调用其函数，该类必须是 exception 类的一个扩展，这个自定义的 exception 类继承了 PHP 的 exception 类的所有属性，可向其添加自定义的函数，下面开始创建 exception 类：

```
<?php
    class customException extends Exception
    { //customException()类是作为旧的 exception 类的一个扩展来创建的。
      //这样它就继承了旧类的所有属性和方法。
        public function errorMessage() //创建 errorMessage()函数。
        {
            $errorMsg="Error on line {$this->getLine()} in {$this->getFile()} : <b>{$this->getMessage()}</b> is not a valid E-Mail address";
            return $errorMsg; //如果 e-mail 地址不合法，则该函数返回一条错误消息
        }//errorMessage
    }//class
    $email="someone@example...com"; //把$email 变量设置为不合法的 email 地址字符串
    try
    {
```

```php
    if(filter_var($email, FILTER_VALIDATE_EMAIL)===FALSE)
        throw new customException($email); //由于 e-mail 地址不合法，因此抛出一个异常
    }
    catch(customException $e) //捕获异常
    {
        echo $e->errorMessage(); //显示错误消息
    }
?>
```

这个新的类是旧的 exception 类的副本，外加 errorMessage()函数。正因为它是旧类的副本，因此它继承了旧类的属性和方法，我们可以使用 exception 类的方法，比如 getLine()、getFile()以及 getMessage()。

3.13.5 多个异常

可以为一段脚本使用多个异常来检测多种情况。可以使用多个 if…else 代码块，或一个 switch 代码块，或者嵌套多个异常，这些异常能够使用不同的 exception 类，并返回不同的错误消息：

```php
<?php
    class customException extends Exception
    {
        public function errorMessage()
        {
            $errorMsg="Error on line {$this->getLine()} in {$this->getFile()} : <b>{$this->getMessage()}</b> is not avalid E-Mail address";
            return $errorMsg;
        }
    }
    $email="someone@example.com";
    try
    {
        if(filter_var($email, FILTER_VALIDATE_EMAIL)===FALSE)
            throw new customException($email);
        if(strpos($email, "example")!==FALSE)
            throw new Exception("$email is an example e-mail");
    }
    catch(customException $e)
    {
        echo $e->errorMessage();
    }
```

```php
    catch(Exception $e)
    {
      echo $e->getMessage();
    }
?>
```

上面的代码测试了两种条件,如果任何条件不成立,则抛出一个异常:

(1) customException()类是作为旧的 exception 类的一个扩展来创建的,这样它就继承了旧类的所有属性和方法。

(2) 创建 errorMessage()函数,如果 e-mail 地址不合法,则该函数返回一个错误消息。

(3) 执行 try 代码块,在第一个条件下,不会抛出异常。

(4) 由于 e-mail 含有字符串 example,第二个条件会触发异常。

(5) catch 代码块会捕获异常,并显示恰当的错误消息。

如果没有捕获 customException,仅仅捕获了 base exception,则在那里处理异常。

3.13.6 重新抛出异常

有时候当异常被抛出时,也许希望以不同于标准的方式对它进行处理,可以在一个 catch 代码块中再次抛出异常。脚本应该对用户隐藏系统错误,对程序员来说,系统错误也许很重要,但是用户对它们并不感兴趣,为了让用户更容易使用,可以再次抛出带有对用户比较友好消息的异常:

```php
<?php
  class customException extends Exception
  {
    public function errorMessage()
    {
      $errorMsg="{$this->getMessage()} is not avalid E-Mail address.";
      return $errorMsg;
    }
  }
  $email="someone@example.com";
  try
  {
    try
    {
      if(strpos($email, "example")!==FALSE)
        throw new Exception($email);
    }
    catch(Exception $e)
    {
```

```
            throw new customException($email);
        }
    }
    catch(customException $e)
    {
        echo $e->errorMessage();
    }
?>
```

上面的代码检测在邮件地址中是否含有字符串"example",如果有,则再次抛出异常:

(1) customException()类是作为旧的 exception 类的一个扩展来创建的,这样它就继承了旧类的所有属性和方法。

(2) 创建 errorMessage()函数,如果 e-mail 地址不合法,则该函数返回一个错误消息。

(3) 把$email 变量设置为一个有效的邮件地址,但含有字符串"example"。

(4) try 代码块包含另一个 try 代码块,这样就可以再次抛出异常。

(5) 由于 e-mail 包含字符串"example",因此触发异常。

(6) catch 捕获到该异常,并重新抛出 customException。

(7) 捕获到 customException,并显示一条错误消息。

如果在其目前的 try 代码块中异常没有被捕获,则它将在更高层级上查找 catch 代码块。

3.13.7 设置顶层异常处理器(Top Level Exception Handler)

set_exception_handler()函数可设置处理所有未捕获异常的用户定义函数。

```
<?php
    function myException($exception)
    {
        echo "<b>异常: </b>", $exception->getMessage();
    }
    set_exception_handler(myException);
    throw new Exception('未捕获的异常发生');
?>
```

在上面的代码中,不存在 catch 代码块,而是触发顶层的异常处理程序,应该使用此函数来捕获所有未被捕获的异常。

3.13.8 异常的规则

(1) 需要进行异常处理的代码应该放入 try 代码块内,以便捕获潜在的异常。

(2) 每个 try 或 throw 代码块必须至少拥有一个对应的 catch 代码块。

(3) 使用多个 catch 代码块可以捕获不同种类的异常。

(4) 可以在 try 代码块内的 catch 代码块中再次抛出(re-thrown)异常。

简而言之,如果抛出了异常,就必须捕获它。

3.14 过滤器（Filter）

3.14.1 什么是 PHP 过滤器？

PHP 过滤器用于验证和过滤来自非安全来源的数据，比如用户的输入。验证和过滤用户输入或自定义数据是任何 Web 应用程序的重要组成部分。设计 PHP 的过滤器扩展的目的是使数据过滤更轻松快捷。

3.14.2 为什么使用过滤器？

几乎所有 Web 应用程序都依赖外部的输入，这些数据通常来自用户或其他应用程序（比如 Web 服务）。通过使用过滤器，应能够确保应用程序获得正确的输入类型。应该始终对外部数据进行过滤，输入过滤是最重要的应用程序安全课题之一。

3.14.3 什么是外部数据？

（1）来自表单的输入数据。
（2）Cookies。
（3）服务器变量。
（4）数据库查询结果。
（5）函数和过滤器。

如需过滤变量，请使用下面的过滤器函数之一：
（1）filter_var()，通过一个指定的过滤器来过滤单一的变量。
（2）filter_var_array()，通过相同的或不同的过滤器来过滤多个变量。
（3）filter_input，获取一个输入变量，并对它进行过滤。
（4）filter_input_array，获取多个输入变量，并通过相同的或不同的过滤器对它们进行过滤。

在下面的例子中，使用 filter_var() 函数验证了一个整数：

```
<?php
    $int=123;
    if(!filter_var($int，FILTER_VALIDATE_INT))
        echo("Integer is not valid");
    else
        echo("Integer is valid");
?>
```

上面的代码使用了 FILTER_VALIDATE_INT 过滤器来过滤变量。由于这个整数是合法的，因此代码的输出是"Integer is valid"。假如尝试使用一个非整数的变量，则输出是"Integer is not valid"。

3.14.4 Validating 和 Sanitizing

有两种过滤器，Validating 过滤器：

（1）用于验证用户输入。
（2）严格的格式规则（比如 URL 或 E-Mail 验证）。
（3）如果成功则返回预期的类型，如果失败则返回 FALSE。
Sanitizing 过滤器：
（1）用于允许或禁止字符串中指定的字符。
（2）无数据格式规则。
（3）始终返回字符串。

3.14.5 选项和标志

选项和标志用于向指定的过滤器添加额外的过滤选项，不同的过滤器有不同的选项和标志，在下面的例子中，使用 filter_var()和 min_range 以及 max_range 选项验证了一个整数：

```php
<?php
  $var=300;
  $int_options=array
  (
    "options"=>array
    (
      "min_range"=>0,
      "max_range"=>256
    )
  );
  if(!filter_var($var, FILTER_VALIDATE_INT, $int_options))
    echo("Integer is not valid");
  else
    echo("Integer is valid");
?>
```

就像上面的代码一样，选项必须放入一个名为 options 的相关数组中，如果使用标志，则不需在数组内。由于整数是 300，它不在指定的范围内，以上代码的输出将是"Integer is not valid"。

3.14.6 验证输入

接下来试着验证来自表单的输入，这里需要做的第一件事情是用 filter_has_var()函数确认是否存在我们正在查找的输入数据，然后用 filter_input()函数过滤输入的数据，在下面的例子中，输入变量 email 被传到 PHP 页面 filter_input.php：

```php
<?php
  if(!filter_has_var(INPUT_GET, email)) //检测是否存在 GET 类型的 email 输入变量
    echo("不存在 GET 类型的 email 输入变量！");
  else
```

```
        {   //如果存在输入变量，检测它是否是有效的邮件地址
            if(!filter_input(INPUT_GET, email, FILTER_VALIDATE_EMAIL))
                echo "不是有效的邮件地址!";
            else
                echo "是有效的邮件地址!";
        }
    ?>
```
上面的例子有一个通过 GET 方法传送的输入变量（email）：
```
<form method='get' action='filter_input.php'>
    Email:<input name='email' type='text' /><br />
    <input type='submit' />
</form>
```

3.14.7 净化输入

下面试着清理一下从表单传来的 URL。首先，要确认是否存在我们正在查找的输入数据。然后，用 filter_input() 函数来净化输入数据。在下面的例子中，输入变量 url 被传到 PHP 页面 filter_sanitize_url.php：

```
<?php
    if(!filter_has_var(INPUT_POST, url))  //检测是否存在 POST 类型的 url 输入变量
        echo "不存在 POST 类型的 url 输入变量!";
    else  //如果存在此输入变量，
        $url=filter_input(INPUT_POST, url, FILTER_SANITIZE_URL); //对其进行净化
（删除非法字符），并将其存储在 $url 变量中
    echo $url;
?>
```
上面的例子有一个通过 POST 方法传送的输入变量（url）：
```
<form method='post' action='filter_sanitize_url.php'>
    url:<input name='url' type='text' /><br />
    <input type='submit' />
</form>
```
假如输入变量 "http://www.W3Sch 非 o 法 ol.com.c 字符 n/"，则净化后的 $url 变量应该是 "http://www.W3School.com.cn/"。

3.14.8 过滤多个输入

表单通常由多个输入字段组成，为了避免对 filter_var() 或 filter_input() 重复调用，可以使用 filter_var_array() 或 filter_input_array() 函数。在本例中使用 filter_input_array() 函数来过滤三个 GET 变量，接收到的 GET 变量是一个名字、一个年龄以及一个邮件地址。

filter_input_array.php：

```php
<?php
    $filters=array //设置一个数组，其中包含了输入变量的名称，
            //以及用于指定的输入变量的过滤器
    (
        name=>array //输入变量 name
        (
            filter=>FILTER_SANITIZE_STRING //输入变量的过滤器 FILTER_SANITIZE_STRING
        ),
        age=>array
        (
            filter=>FILTER_VALIDATE_INT,
            options=>array
            (
                min_range=>1,
                max_range=>120
            )
        ),
        email=>FILTER_VALIDATE_EMAIL,
    );
    $result=filter_input_array(INPUT_GET, $filters); //调用 filter_input_array 函数，
                //参数包括 GET 输入变量及刚才设置的数组 $filters。
if(!$result[age]) //检测 $result 变量中的 age 和 email 变量是否有非法的输入。
    echo "Age must be a number between 1 and 120.<br/>";
elseif(!$result[email])
    echo("E-Mail is not valid.<br/>");
else
    echo("User input is valid");
?>
```

上面的例子有三个通过 GET 方法传送的输入变量（name, age and email）：

```
<form method='get' action='filter_input_array.php'>
    name:<input name='name' type='text' /><br />
    age:<input name='age' type='text' /><br />
    email:<input name='email' type='text' /><br />
    <input type='submit' />
</form>
```

filter_input_array()函数的第二个参数可以是数组或单一过滤器的 ID，如果该参数是单一过滤器的 ID，那么这个指定的过滤器会过滤输入数组中所有的值，如果该参数是一个数组，那么此数组必须遵循下面的规则：

（1）必须是一个关联数组，其中包含的输入变量是数组的键（比如 age 输入变量）。

（2）此数组的值必须是过滤器的 ID，比如："email"=>FILTER_VALIDATE_EMAIL），或者是规定了过滤器、标志以及选项的数组，比如：

```
"age"=>array
(
    "filter"=>FILTER_VALIDATE_INT,
    "options"=>array
    (
        "min_range"=>1,
        "max_range"=>120
    )
)
```

3.14.9 使用 FilterCallback

通过使用 FILTER_CALLBACK 过滤器，可以调用自定义的函数，把它作为一个过滤器来使用，这样，我们就拥有了数据过滤的完全控制权。用户可以创建自己的自定义函数，也可以使用已有的 PHP 函数。

规定准备用到过滤器函数的方法与规定选项的方法相同，在下面的例子中，使用了一个自定义的函数把所有"_"转换为空格：

```php
<?php
    function convertSpace($string)  //创建一个把下划线替换为空格的函数
    {
        return str_replace("_", " ", $string);
    }
    $string="Peter_is_a_great_guy!";
    echo filter_var($string, FILTER_CALLBACK, array(options=>convertSpace));
    //调用 filter_var()函数，它的参数是 FILTER_CALLBACK 过滤器以及
    //包含 convertSpace 函数的数组
?>
```

3.15 习　题

一、单选题

1. 考虑如下 PHP 脚本，它一行一行地读取并显示某文本文件的内容。在横线处填入什么才能使脚本正常运作？（　　　）

```php
<?php
    $file=fopen("webdictionary.txt", "r");
    while(!feof($file))
```

```
    {
        echo _____;
        echo "<br>";
    }
    fclose($file);
?>
```

A. file_get_contents（$file）
B. file（$file）
C. readfile（$file）
D. fgets（$file）
E. fread（$file）

2. 考虑如下脚本，哪个 PHP 函数和它的功能最接近？（   ）

```
<?php
    function my_funct($file_name, $data)
    {
        $f=fopen($file_name, 'w');
        fwrite($f, $data);
        fclose($f);
    }
?>
```

A. file_get_contents()
B. file_put_contents()
C. 没有这样的函数
D. file()
E. fputs()

3. file()函数返回的数据类型是（   ）。

A. 数组
B. 字符串
C. 整型
D. 根据文件来定

4. 假设 image.jpg 存在并能够被 PHP 读取，调用以下脚本时，浏览器上显示什么？（   ）

```
<?php
    header（"Content-type:image/jpeg"）;
?>
<?php
    readfile（"image.jpg"）;
?>
```

A. 一张 JPEG 图片
B. 一个二进制文件

C. 下载一个二进制文件

D. 下载一张 JPEG 图片

E. 一张残破的图片

5. 函数（　　）能读取文本文件中的一行。读取二进制文件或者其他文件时，应当使用（　　）函数。

　A. fgets()，fseek()

　B. fread()，fgets()

　C. fputs()，fgets()

　D. fgets()，fread()

　E. fread()，fseek()

6. 以下哪种方法能保证锁在任何竞争情况下都安全？（　　）

　A. 用 flock() 锁住指定文件

　B. 用 fopen() 在系统的临时文件夹里打开文件

　C. 用 tempnam() 创建一个临时文件

　D. 用 mkdir() 创建一个文件夹来当

　E. 用 tmpfile() 创建一个临时文件

注：flock() 函数锁定或释放文件。若成功，则返回 true；若失败，则返回 false。flock() 操作的 file 必须是一个已经打开的文件指针。

要取得共享锁定（读取的程序），将 lock 设为 LOCK_SH。

要取得独占锁定（写入的程序），将 lock 设为 LOCK_EX。

要释放锁定（无论共享或独占），将 lock 设为 LOCK_UN。

如果不希望 flock() 在锁定时堵塞，则给 lock 加上 LOCK_NB。

可以通过 fclose() 来释放锁定操作，代码执行完毕时也会自动调用。由于 flock() 需要一个文件指针，因此可能不得不用一个特殊的锁定文件来保护打算通过写模式打开的文件的访问（在 fopen() 函数中加入"w"或"w+"）。

```php
<?php
   $file=fopen("test.txt", "w+");
   //排它性的锁定
   if(flock($file, LOCK_EX))
   {
      fwrite($file, "Write something");
      //release lock
      flock($file, LOCK_UN);
   }
   else
   {
      echo "Error locking file!";
```

```
    }
    fclose($file);
?>
```

mkdir()函数创建目录。若成功，则返回 true，否则返回 false。mkdir()尝试新建一个由 path 指定的目录。

```
<?php
    mkdir("testing");
?>
```

7. 考虑如下脚本，最后文件 myfile.txt 的内容是什么？

```
<?php
    $array='0123456789ABCDEFGHIJKLMNOPQRSTUVWXYZ';
    $f=fopen("myfile.txt", "w");
    for($i=0;$i<50;$i++)
    {
        fwrite($f, $array[rand(0, strlen($array)-1)]);
    }
    fclose($f);
?>
```

A. 什么都没有，因为$array 实际上是一个字符串，而不是数组

B. 49 个随机字符

C. 50 个随机字符

D. 41 个随机字符

E. 什么都没有，或者文件不存在，脚本输出一个错误

8. 函数 delete 是做什么的？

A. 删除文件

B. 删除文件夹

C. 释放变量

D. 移除数据库记录

E. 没有这个函数！

注：unlink()函数删除文件。若成功，则返回 true，失败则返回 false。

```
<?php
    $file="test.txt";
    if(!unlink($file))
    {
        echo("Error deleting $file");
    }
    else
```

```
    {
        echo("Deleted $file");
    }
?>
```

9. 以下哪个选项能将文件指针移到开头？
   A. reset()
   B. fseek（-1）
   C. fseek（0，SEEK_END）
   D. fseek（0，SEEK_SET）
   E. fseek（0，SEEK_CUR）

注：fseek()函数在打开的文件中定位。该函数把文件指针从当前位置向前或向后移动到新的位置，新位置从文件头开始以字节数度量。成功则返回0，否则返回-1。应注意移动到 EOF 之后的位置不会产生错误。

SEEK_SET，设定位置等于 offset 字节。默认。

SEEK_CUR，设定位置为当前位置加上 offset。

SEEK_END，设定位置为文件末尾加上 offset（要移动到文件尾之前的位置，offset 必须是一个负值）。

reset()函数，将内部指针指向数组中的第一个元素，并输出。若成功则返回数组中第一个元素的值，若数组为空则返回 FALSE。

current()，返回数组中的当前元素的值。

next()，将内部指针指向数组中的下一个元素，并输出。

输出数组中的当前元素和下一个元素的值，然后把数组的内部指针重置到数组中的第一个元素：

```
<?php
    $people=array("Bill", "Steve", "Mark", "David");
    echo current($people)."<br>";
    echo next($people)."<br>";
    echo reset($people);
?>
```

二、多选题

1. 以下代码执行后，数组$a->my_value 中储存的值是什么？（   ）

```
<?php
    class my_class
    {
        var $my_value=array();
        function my_class($value)
```

```php
        {
            $this->my_value[]=$value;
        }
        function set_value($value)
        {
            $this->my_value[]=$value;
        }
    }
    $a=new my_class('a');
    $a->my_value[]='b';
    $a->set_value('c');
    $a->my_class('d');
?>
```

A. c

B. b

C. a

D. d

E. e

2. 以下哪个函数能够获得文件的全部内容，并能够用在表达式中？（　　）

A. file_get_contents()

B. fgets()

C. fopen()

D. file()

E. readfile()//写入到输出缓冲

3. 以下哪些函数能读取文件的全部内容？（　　）

A. fgets()

B. file_get_contents()

C. fread()

D. readfile()

E. file()

fgets()函数从文件指针中读取一行。从 file 指向的文件中读取一行并返回长度最多为 length-1 字节的字符串。碰到换行符（包括在返回值中）、EOF 或者已经读取了 length-1 字节后停止（要看先碰到哪一种情况）。如果没有指定 length，则默认为 1 K，或者说 1 024 字节。若失败，则返回 false。

```php
<?php
    $file=fopen("test.txt", "r");
```

```php
    while(!feof($file))
    {
        echo fgets($file)."<br/>";
    }
    fclose($file);
?>
```

file_get_contents()函数把整个文件读入一个字符串中。这和 file()函数一样，不同的是 file_get_contents()把文件读入一个字符串。file_get_contents()函数是用于将文件的内容读入到一个字符串中的首选方法。如果操作系统支持，还会使用内存映射技术来增强性能。

```php
<?php
    echo file_get_contents("test.txt");
?>
```

fread()函数读取文件(可安全用于二进制文件)。fread()从文件指针 file 读取最多 length 个字节。该函数在读取完最多 length 个字节数，或到达 EOF 的时候，或（对于网络流）当一个包可用时，或（在打开用户空间流之后）已读取了 8 192 个字节时就会停止读取文件，取决于先碰到哪种情况。返回所读取的字符串，如果出错返回 false。如果只是想将一个文件的内容读入到一个字符串中，请使用 file_get_contents()，它的性能比 fread()好得多。

```php
<?php
    $file=fopen("test.txt", "r");
    echo fread($file, filesize("test.txt"));//读取整个文件
    fclose($file);
?>
```

readfile()函数输出一个文件。该函数读入一个文件并写入到输出缓冲。若成功，则返回从文件中读入的字节数；若失败，则返回 false。你可以通过@readfile()形式调用该函数，来隐藏错误信息。

```php
<?php
    readfile("test.txt");
?>
```

file()函数把整个文件读入一个数组中。与 file_get_contents()类似，不同的是 file()将文件作为一个数组返回。数组中的每个单元都是文件中相应的一行，包括换行符在内。如果失败，则返回 false。返回的数组中每一行都包括了行结束符，因此如果不需要行结束符时还需要使用 rtrim()函数。如果碰到 PHP 在读取文件时不能识别 Macintosh 文件的行结束符，可以激活 auto_detect_line_endings 运行时配置选项。

```php
<?php
    print_r(file("test.txt"));
?>
```

4. 如果想要可读可写打开一个文件，该给 fopen()传什么参数？（   ）

A. w

B. r

C. a

D. +

5. 引用文件"time.inc"的正确方法是？（   ）

A. <?php require（"time.inc"）; ?>

B. <!--include file="time.inc"-->

C. <?php include_file（"time.inc"）; ?>

D. <%include file="time.inc"%>

6. 以只读模式打开文件"time.txt"的正确方法是？（   ）

A. fopen（"time.txt"，"r+"）;

B. open（"time.txt"）;

C. open（"time.txt"，"read"）;

D. fopen（"time.txt"，"r"）;

三、问答题

1. 语句 include 和 require 的区别是什么？为避免多次包含同一文件，可用什么语句代替它们？

答：require 是无条件包含，也就是如果一个流程里加入 require，无论条件成立与否都会先执行 require；include 有返回值，而 require 没有（可能因为如此 require 的速度比 include 快）。注意：包含文件不存在或者语法错误的时候 require 是致命的，include 不是。

2. 如何使用下面的类，并解释下面什么意思？

class test
{
　function Get_test($num)
　{
　　$num=md5(md5($num)."En");
　　return $num;
　}
}

答：

$testnum="123";

$object=new test();

$encrypt=$object->Get_test($testnum);

echo $encrypt;

类 test 里面包含 Get_test 方法，实例化类调用方法多字符串加密。

3. 有一个网页地址，比如 w3school 在线教程主页：http://www.w3school.com.cn/，如何读取它的内容？

方法 1（对于 PHP5 及更高版本）：
```php
<?php
  $readcontents=fopen("http://www.w3school.com.cn/", "rb");//allow_url_fopen = On
  $contents=stream_get_contents($readcontents);
  fclose($readcontents);
  echo $contents;
?>
```

方法 2：
```php
<?php
  echo file_get_contents("http://www.w3school.com.cn/");
?>
```

方法 3：
```php
<?php
  $file=fopen("http://www.w3school.com.cn/", "r");//allow_url_fopen = On
  while(!feof($file))
  {
    echo fgets($file);
  }
  fclose($file);
?>
```
//用 file()、fread 等不方便，不能用 readfile()。

四、编程题

1. 写一个函数，能够遍历一个文件夹下的所有文件和子文件夹。

```php
<?php
  //递归扫描目录及子目录下的所有文件
  function scanMydirFile($path)
  {
    $tree=array();
    foreach(glob($path.'/*') as $single)
    {
      if(is_dir($single))
      {
        $tree=array_merge($tree, scanMydirFile($single));
        //合并一个或多个数组
```

```php
            }
            else
            {
                $tree[]=$single;
            }
        }
        return $tree;
    }
    $arrFile=scanMydirFile("C:\wamp\www");
    for($i=0;$i<count($arrFile);$i++)
    {
        echo $arrFile[$i]."<br>";
    }
?>
/*
```
glob()函数返回匹配指定模式的文件名或目录。该函数返回一个包含有匹配文件/目录的数组。如果出错返回 false。

is_dir()函数判断给定文件名是否是一个目录。如果文件名存在并且为目录则返回TRUE。如果 filename 是一个相对路径，则按照当前工作目录检查其相对路径。

array_merge()函数将一个或多个数组的单元合并起来，一个数组中的值附加在前一个数组的后面。返回作为结果的数组。

*/

2. 使用 PHP 描述冒泡排序，顺序查找和二分查找（也叫作折半查找）算法。

```php
<?php
    //冒泡排序(数组排序)
    function bubble_sort($array)
    {
        $count=count($array);
        if($count<=0)
        {
            return false;
        }
        for($i=0;$i<$count;$i++)
        {
            for($j=0;$j<$count-$i-1;$j++)
            {
                if($array[$j]<$array[$j-1])
```

```php
            {
                $tmp=$array[$j];
                $array[$j]=$array[$j-1];
                $array[$j-1]=$tmp;
            }
        }
    }
    return $array;
}
$arr=array(33, 88, 11, 63, 23, 744);
print_r(bubble_sort($arr));

//二分查找（数组里查找某个元素）
/*$array 表示有序数组，$low 表示开始位置，$high 表示结束位置，$k 表示要查找的数*/
function bin_sch($array, $low, $high, $k)
{
    if($low<=$high)
    {
        $mid=intval(($low+$high)/2);
        if($array[$mid]==$k)
        {
            return $mid;
        }
        elseif($k<$array[$mid])
        {
            return bin_sch($array, $low, $mid-1, $k);
        }
        else
        {
            return bin_sch($array, $mid+1, $high, $k);
        }
    }
    return -1;
}
$arr=array(22, 33, 44, 55, 66, 77, 88, 99, 100);
print_r(bin_sch($arr, 0, count($arr), 88));
```

//***
/***二分查找算法**@paramarray$arr 有序数组*@paramint$val 查找的数值*@returnint 查找值存在返回数组下标，不存在返回-1*/
```php
function binary_search($arr，$val)
{
    $l=count($arr);
    //获得有序数组长度
    $low=0;
    $high=$l-1;
    while($low<=$high)
    {
        $middle=floor(($low+$high)/2);
        if($arr[$middle]==$val)
        {
            return $middle;
        }
        elseif($arr[$middle]>$val)
        {
            $high=$middle-1;
        }
        else
        {
            $low=$middle+1;
        }
    }
    return-1;
}
//示例
$arr=array(1, 2, 3, 4, 5, 6, 7, 8, 9, 12, 23, 33, 35, 56, 67, 89, 99);
echo binary_search($arr, 8);
//顺序查找（数组里查找某个元素）
/*顺序查找$array：要搜索的数组；$n：数组中的元素的个数；$k：要查找的数*/
function seq_sch($array, $n, $k)
{
    $array[$n]=$k;
    for($i=0;$i<$n;$i++)
    {
```

```php
        if($array[$i]==$k)
        {
            break;
        }
    }
    if($i<$n)
    {
        return $i;
    }
    else
    {
        return -1;
    }
}
$arr=array(11, 33, 634, 22, 87, 94, 67);
echo seq_sch($arr, count($arr), 634);
?>
```

4 PHP 和 MySQL 数据库

4.1 MySQL 简介

MySQL 是最流行的开源数据库服务器，是一种数据库。数据库定义了存储信息的结构，在数据库中，存在着一些表。类似 HTML 表格，数据库表含有行、列以及单元。在分类存储信息时，数据库非常有用，一个公司的数据库可能拥有"employees""products""customers"以及"orders"等这些表。

1. 数据库表

数据库通常包含一个或多个表，每个表都一个名称（比如"customers"或"orders"），每个表包含带有数据的记录（行），下面是一个名为"persons"的表的例子（见表 1-4-1）。

表 1-4-1 persons 表

LastName	FirstName	Address	City
hansen	ola	timoteivn 10	sandnes
svendson	tove	borgvn 23	sandnes
pettersen	kari	storgt 20	stavanger

上面的表含有三个记录（每个记录是一个人）和四个列（LastName，FirstName，Address 以及 City）。

2. 查询

查询是一种询问或请求，通过 MySQL，我们可以向数据库查询具体的信息，并得到返回的记录集，请看下面的查询：

select LastName from persons;

上面的查询选取了 persons 表中 LastName 列的所有数据，并返回类似这样的记录集：

LastName
hansen
svendson
pettersen

4.2 MySQL 连接数据库

在您能够访问并处理数据库中的数据之前，必须创建到达数据库的连接，在 PHP 中，这

个任务通过 **mysql_connect**（servername，username，password）函数完成，servername 规定要连接的服务器，username 规定登录所使用的用户名，password 规定登录所用的密码，wamp 默认分别是 localhost，root，""。

mysql_pconnect()函数打开一个到 MySQL 服务器的持久连接。mysql_pconnect()和 mysql_connect()非常相似，但有两个主要区别：

（1）当连接的时候本函数将先尝试寻找一个在同一个主机上用同样的用户名和密码已经打开的（持久）连接，如果找到，则返回此连接标识而不打开新连接。

（2）其次，当脚本执行完毕后到 SQL 服务器的连接不会被关闭，此连接将保持打开以备以后使用（mysql_close()不会关闭由 mysql_pconnect()建立的连接）。

在下面的例子中，如果连接失败，将执行 die 部分：

```
<?php
    static $DB_HOST="localhost";//数据库服务器
    static $DB_NAME="acm";//数据名
    static $DB_USER="root";//数据库用户
    static $DB_PASS="";//数据库密码为空
    if(!mysql_pconnect($DB_HOST,$DB_USER,$DB_PASS)) die('Could not connect:'.mysql_error());//连接数据库
?>
```

4.3 创建数据库和表

4.3.1 创建数据库

create database 语句用于在 MySQL 中创建数据库，为了让 PHP 执行上面的语句，必须使用 mysql_query()函数，此函数用于向 MySQL 连接发送查询或命令。

在下面的例子中，我们创建了一个名为"acm"的数据库：

```
<?php
    $con=mysql_connect("localhost","root","");
    if(!$con) die('不能连接:'.mysql_error());
    if(mysql_query("create database acm;",$con)) echo "数据库创建成功";
    else echo "创建数据库错:".mysql_error();
    mysql_close($con);
?>
```

4.3.2 创建表

create table 用于在 MySQL 中创建数据库表，为了执行此命令，必须向 mysql_query()函数添加 create table 语句。

下面的例子展示了如何创建一个名为"news"的表：

```php
<?php
    $con=mysql_connect("localhost","root","");
    if(!$con) die('不能连接:'.mysql_error());
    mysql_select_db("acm",$con);
    $sql="CREATE TABLE `news`(
    `news_id` int(11) NOT NULL AUTO_INCREMENT,
    `user_id` varchar(48) NOT NULL DEFAULT '',
    `title` varchar(200) NOT NULL DEFAULT '',
    `content` text NOT NULL,
    `time` datetime NOT NULL DEFAULT '0000-00-00 00:00:00',
    `importance` tinyint(4) NOT NULL DEFAULT '0',
    `defunct` char(1) NOT NULL DEFAULT 'N',
    PRIMARY KEY (`news_id`)
    ) ENGINE=MyISAM AUTO_INCREMENT=1009 DEFAULT CHARSET=utf8;";
    mysql_query($sql,$con);
    mysql_close($con);
?>
```

注意，在创建表之前，必须首先通过 mysql_select_db()函数选取数据库。另外，当创建 varchar 类型的数据库字段时，必须规定该字段的最大长度。

4.3.3 主键和自动递增字段

每个表都应有一个主键字段，主键用于对表中的行进行唯一标识，每个主键值在表中必须是唯一的。此外，主键字段不能为空，这是由于数据库引擎需要一个值来对记录进行定位。主键字段永远要被编入索引，这条规则没有例外，必须对主键字段进行索引，这样数据库引擎才能快速定位给予该键值的行。

下面的例子把 contest_id 字段设置为主键字段，主键字段通常是 id 号，且通常使用 auto_increment 设置，auto_increment 会在新记录被添加时逐一增加该字段的值，要确保主键字段不为空，必须向该字段添加 not null 设置。

```php
<?php
    $con=mysql_connect("localhost","root","");
    if(!$con) die('不能连接:'.mysql_error());
    mysql_select_db("acm",$con);
    $sql="CREATE TABLE `contest`(
    `contest_id` int(11) NOT NULL AUTO_INCREMENT,
    `title` varchar(255) DEFAULT NULL,
    `start_time` datetime DEFAULT NULL,
    `end_time` datetime DEFAULT NULL,
    `defunct` char(1) NOT NULL DEFAULT 'N',
```

```
    `description` text,
    `private` tinyint(4) NOT NULL DEFAULT '0',
    `langmask` int(11) NOT NULL DEFAULT '0' COMMENT 'bits for LANG to mask',
    PRIMARY KEY (`contest_id`)
) ENGINE=MyISAM AUTO_INCREMENT=1027 DEFAULT CHARSET=utf8;;";
    mysql_query($sql,$con);
    mysql_close($con);
?>
```

4.4 insert into 语句

insert into 语句用于向数据库表中插入新记录。

4.4.1 向数据库表插入数据

insert into 语句用于向数据库表添加新记录，语法：

insert into table_name values（value1，value2，...）

您还可以规定希望在其中插入数据的列：

insert into table_name（column1，column2，...）values（value1，value2，...）

sql 语句对大小写不敏感，insert into 与 insert into 相同。为了让 php 执行该语句，我们必须使用 mysql_query()函数，该函数用于向 mysql 连接发送查询或命令。

下面的例子向 "persons" 表添加了两个新记录：

```php
<?php
    $con=mysql_connect("localhost", "root", "");
    if(!$con)
    {
        die('Could not connect:'.mysql_error());
    }
    mysql_select_db("my_db", $con);
    mysql_query("insert into persons(FirstName, LastName, Age)
    values('peter', 'griffin', '35');");
    mysql_query("insert into persons(FirstName, LastName, Age)
    values('glenn', 'quagmire', '33');");
    mysql_close($con);
?>
```

4.4.2 把来自表单的数据插入数据库

现在创建一个 HTML 表单，如图 1-4-1 所示，这个表单可把新记录插入 persons 表：

```html
<html>
    <body>
        <form action="insert.php" method="post">
            First Name:<input type="text" name="FirstName"/>
            Last Name:<input type="text" name="LastName"/>
            Age:<input type="text" name="Age"/>
            <input type="submit"/>
        </form>
    </body>
</html>
```

图 1-4-1　HTML 表单

当用户点击上例中 HTML 表单中的提交按钮时，表单数据被发送到"insert.php"，"insert.php"文件连接数据库，并通过$_POST 变量从表单取回值，然后，mysql_query()函数执行 insert into 语句，一条新的记录会添加到数据库表中。

下面是"insert.php"页面的代码：

```php
<?php
    $con=mysql_connect("localhost", "root", "");
    if(!$con)
    {
        die('Could not connect:'.mysql_error());
    }
    mysql_select_db("my_db", $con);
    $sql="insert into persons(FirstName，LastName，Age) values('$_POST[FirstName]', '$_POST[LastName]', '$_POST[Age]');";//$_POST 对大小写敏感，必须大写，否则无法获取表单提交的数据！
    //PHP 将把$_POST[]解释成用户自定义的数组。
    if(!mysql_query($sql, $con))
    {
        die('error:'.mysql_error());
    }
    echo"1 record added";
    mysql_close($con)
?>
```

4.5 select 语句

select 语句用于从数据库中选取数据。

4.5.1 从数据库表中选取数据

语法：

select column_name（s）from table_name

下面的例子选取存储在 persons 表中的所有数据（*字符选取表中所有数据）：

```php
<?php
  $con=mysql_connect("localhost", "root", "") or die('Could not connect:'.mysql_error());
  mysql_select_db("my_db", $con);
  $result=mysql_query("select * from persons;");
  while($row=mysql_fetch_array($result))
  {
    echo $row['FirstName']." ".$row['LastName'];//PHP 中列名（字符串）对大小写敏感！
    echo "<br/>";
  }
  mysql_close($con);
?>
```

上面这个例子在$result 变量中存放由 mysql_query()函数返回的数据，接下来使用 mysql_fetch_array()函数以数组的形式从记录集返回第一行，随后对 mysql_fetch_array()函数的调用都会返回记录集中的下一行，while 语句会循环记录集中的所有记录。为了输出每行的值，使用了$row 变量（$row['FirstName']和$row['LastName']）。

4.5.2 在 HTML 表格中显示结果

下面的例子选取的数据与上面的例子相同，但是将把数据显示在一个 HTML 表格中：

```php
<?php
  $con=mysql_connect("localhost", "root", "") or die('Could not connect:'.mysql_error());
  mysql_select_db("my_db", $con);
  $result=mysql_query("select * from persons");
  echo "<table border='1'>
          <tr>
            <th>FirstName</th>
            <th>LastName</th>
          </tr>";
  while($row=mysql_fetch_array($result))
  {
    echo "<tr>
```

```
            <td>{$row['FirstName']}</td>
            <td>{$row['LastName']}</td>
        </tr>"; //字符串里的变量必须用大括号括起来!
    }
    echo "</table>";
    mysql_close($con);
?>
```

以上代码的输出:

FirstName	LastName
peter	griffin
glenn	quagmire

4.6 where 子句

where 子句用于选取匹配指定条件的数据。

语法:

select column from table

where column operator value

下面的运算符可与 where 子句一起使用(见表 1-4-2):

表 1-4-2 运 算 符

运算符	说 明
=	等于
!=	不等于
>	大于
<	小于
>=	大于或等于
<=	小于或等于
between	介于一个包含范围内
like	搜索匹配的模式

下面的例子将从 persons 表中选取所有 FirstName='peter'的行:

```
<?php
    $con=mysql_connect("localhost", "root", "") or die('Could not connect:'.mysql_error());
    mysql_select_db("my_db", $con);
    $result=mysql_query("select * from persons where FirstName='peter'");
```

```
while($row=mysql_fetch_array($result))
    echo "{$row['FirstName']} {$row['LastName']}<br/>";
?>
```

4.7 order by 子句

order by 子句用于对记录集中的数据进行排序。
语法：
select column_name（s）
from table_name
order by column_name
下面的例子选取 persons 表中的所有数据，并根据 Age 列对结果进行排序：

```
<?php
    $con=mysql_connect("localhost", "root", "") or die('Could not connect:'.mysql_error());
    mysql_select_db("my_db", $con);
    $result=mysql_query("select * from persons order by Age;");
    while($row=mysql_fetch_array($result))
        echo "{$row['FirstName']} {$row['LastName']} {$row['Age']}<br/>";
    mysql_close($con);
?>
```

4.7.1 升序或降序的排序

如果使用 order by 关键词，记录集的排序顺序默认是升序（1 在 9 之前，"a"在"p"之前），设定降序排序使用 desc 关键词（9 在 1 之前，"p"在"a"之前）：

select column_name(s)
from table_name
order by column_name desc;

4.7.2 根据两列进行排序

可以根据多个列进行排序，当按照多个列进行排序时，只有第一列相同时才使用第二列：

select column_name(s)
from table_name
order by column_name1, column_name2

4.8 update 语句

update 语句用于在数据库表中修改数据。

语法：

update table_name
set column_name=new_value
where column_name=some_value

下面的例子更新 persons 表的一些数据：

```php
<?php
  $con=mysql_connect("localhost", "root", "") or die('Could not connect:'.mysql_error());
  mysql_select_db("my_db", $con);
  $update="update persons
          set Age='36'
          where FirstName='peter' and LastName='griffin';";
  mysql_query($update);
  mysql_close($con);
?>
```

4.9　delete from 语句

delete from 语句用于从数据库表中删除数据。

语法：

delete from table_name
where column_name=some_value

下面的例子删除 persons 表中所有 LastName='griffin'的记录：

```php
<?php
  $con=mysql_connect("localhost", "root", "") or die('Could not connect:'.mysql_error());
  mysql_select_db("my_db", $con);
  $delete="delete from persons where LastName='griffin';";
  mysql_query($delete);
  mysql_close($con);
?>
```

4.10　ODBC

ODBC 是一种应用程序编程接口（Application Programming Interface，API），使我们有能力连接到某个数据源（比如一个 MS Access 数据库）。

4.10.1　创建 ODBC 连接

通过一个 ODBC 连接，用户可以连接到所在网络中的任何计算机上的任何数据库，只要 ODBC 连接是可用的。

下面是创建到达 MS Access 数据的 ODBC 连接的方法，如图 1-4-2 所示。
（1）在控制面板中打开管理工具；
（2）双击其中的数据源（ODBC）图标；
（3）选择系统 DSN 选项卡；
（4）点击系统 DSN 选项卡中的"添加"按钮；
（5）选择 Microsoft Access Driver，点击完成。
（6）在下一个界面，点击"选择"来定位数据库。
（7）为这个数据库取一个数据源名（DSN）。
（8）点击确定。

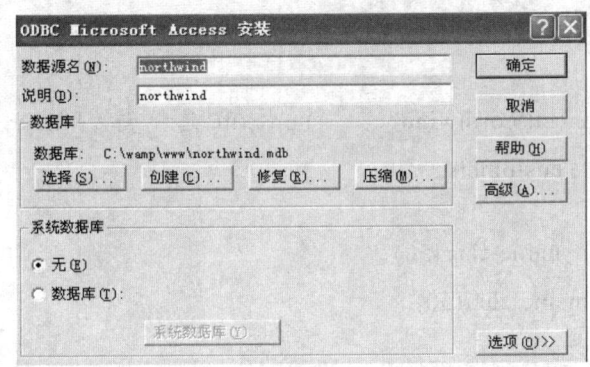

图 1-4-2　创建到达 MS Access 数据的 ODBC 连接

请注意，必须在网站所在的计算机上完成这个配置，如果计算机上正在运行 internet 信息服务器（IIS），上面的指令会生效，但是假如该网站位于远程服务器，则必须拥有对该服务器的物理访问权限，或者请主机提供商为您建立 DSN。

4.10.2　连接到 ODBC

odbc_connect()函数用于连接到 ODBC 数据源，该函数有四个参数：数据源名、用户名、密码以及可选的指针类型参数，odbc_exec()函数用于执行 SQL 语句。

下面的例子创建了到达名为 northwind 的 DSN 的连接，没有用户名和密码，然后创建并执行一条 sql 语句：

$conn=odbc_connect（'northwind', '', ''）；
$sql="select * from customers"；
$rs=odbc_exec（$conn，$sql）；

4.10.3　取回记录

odbc_fetch_row（$rs）函数用于从结果集中返回记录，如果能够返回行，则返回 true，否则返回 false，该函数有两个参数：ODBC 结果标识符和可选的行号。

4.10.4　从记录中取回字段

odbc_result()函数用于从记录中读取字段，该函数有两个参数：ODBC 结果标识符和字段编号或名称，下面的代码从记录中返回第一个字段的值：

$compname=odbc_result（$rs，1）;

$compname=odbc_result（$rs，"companyname"）;

4.10.5 关闭 ODBC 连接

odbc_close（$conn）函数用于关闭 ODBC 连接。

4.10.6 ODBC 实例

下面的例子展示了如何首先创建一个数据库连接，然后是结果集，最后在 HTML 表格中显示数据。

```php
<?php
$conn=odbc_connect('northwind', '', '') or exit("连接失败!");
$sql="create table customers
    (
        companyname char(50),
        contactname char(50)
    )";
odbc_exec($conn, $sql);
$sql="insert into customers values('院士工作站', '刘博士')";
odbc_exec($conn, $sql);
$sql="select * from customers";
$rs=odbc_exec($conn, $sql) or exit("SQL 语句有错!");
echo "<table><tr><th>公司名称</th><th>联系人</th></tr>";
while(odbc_fetch_row($rs))
{
    $compname=odbc_result($rs, "companyname"); //companyname 不区分大小写
    $conname=odbc_result($rs, "contactname");
    echo "<tr><td>$compname</td><td>$conname</td></tr>";
}
echo "</table>";
odbc_close($conn);
//创建 ODBC 数据源 northwind 时，如果数据库 northwind.mdb 不存在，可以同时创建它
//不必安装 MS Access2003 这个可视化的客服端软件，
//只要安装了 Microsoft Access Driver 即可
//这里用 PHP 作为客户端，用 SQL 语句来创建 customers 表，插入数据等
?>
```

4.11 习　题

一、选择题

1. 以下关于MYSQL叙述中,错误的是(　　)。
   A. MYSQL是真正多线程、单用户的数据库系统
   B. MYSQL是真正支持多平台的
   C. MYSQL完全支持ODBC
   D. MYSQL可以在一次操作中从不同的数据库中混合生成表格
2. 返回上一个MYSQL操作中的错误信息的数字编码使用的函数是(　　)。
   A. mysql_error();
   B. mysql_close();
   C. mysql_errno();
   D. mysql_connect();
3. 清除一个表结构的SQL语句是(　　)。
   A. delete
   B. drop
   C. update
   D. truncate //只删除数据,不删除表的结构。
4. 在PHP函数中,属于选择数据库函数的是(　　)。
   A. mysql_fetch_row
   B. mysql_fetch_object
   C. mysql_result
   D. mysql_select_db
5. 以下哪个说法正确?(　　)
   A. 使用索引能加快插入数据的速度
   B. 良好的索引策略有助于防止跨站攻击
   C. 应当根据数据库的实际应用设计索引
   D. 删除一条记录将导致整个表的索引被破坏
   E. 只有数字记录行需要索引
6. 考虑如下数据表和查询,如何添加索引能提高查询速度?(　　)
   create table mytable
   (
   　id int,
   　name varchar(100),
   　address1 varchar(100),
   　address2 varchar(100),
   　zipcode varchar(10),
   　city varchar(50),

```
    province varchar(2)
);
```

select id
from mytable
where id between 0 and 100
order by name, zipcode;

A. 给 id 添加索引

B. 给 name 和 address1 添加索引

C. 给 id 添加索引，然后给 name 和 zipcode 分别添加索引

D. 给 zipcode 和 name 添加索引

E. 给 zipcode 添加全文检索

7. 执行以下 SQL 语句后将发生什么？（   ）

```
begin;
delete from a where x=1;
delete from b where x=4;
rollback;
```

A. b 中的内容将被删除

B. b 和 a 中的内容都会被删除

C. b 中的内容将被删除，a 中 x 是 1 的内容将被删除

D. 数据库对于执行这个语句的用户以外的其他用户来说，没有变化

E. 数据库没有变化

8. desc 在这个查询中起什么作用？（   ）

```
select *
from my_table
where id>0
order by id, name desc;
```

A. 返回的数据集倒序排列

B. id 相同的记录按 name 升序排列

C. id 相同的记录按 name 倒序排列

D. 返回的记录先按 name 排序，再按 id 排序

E. 结果集中包含对 name 字段的描述

9. 以下哪个不是 SQL 聚集函数？（   ）

A. avg

B. sum

C. min

D. max

E. current_date()

10. 改变输出 MYSQL 中文乱码的 SQL 语句是（   ）。

   A. set names gb2312

   B. set names utf8

   C. set names utf-8

   D. set names "gb2312"

11. 考虑如下 SQL 语句，哪个选项能对返回记录的条数进行限制？（   ）

   select * from my_table

   A. 如果可能，把查询转换成存储例程

   B. 如果程序允许，给查询指定返回记录的范围

   C. 如果可能，添加 where 条件

   D. 如果 DBMS 允许，把查询转换成视图

   E. 如果 DBMS 允许，使用事先准备好的语句

12. 考虑如下脚本，如图 1-4-3 所示。假设 mysql_query 函数将一个未过滤的查询语句送入一个已经打开的数据库连接，以下哪个选项是对的？（   ）

   ```
   <?php
      $r=mysql_query('delete from my_table where id='.$_GET['id']);
   ?>
   ```

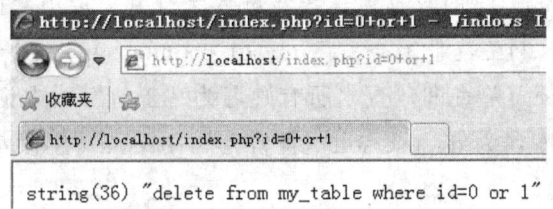

图 1-4-3

   A. my_table 表中的记录超过 1 条

   B. 用户输入的数据需要经过适当的转义和过滤

   C. 调用该函数将产生一个包含了其他记录条数的记录

   D. 给 url 传递 id=0+or+1 将导致 my_table 中的所有表被删除

   E. 查询语句中应该包含数据库名

13. 如果一个字段能被一个包含 group by 的条件的查询语句读出，以下哪个选项的描述正确？（   ）

   A. 该字段必须有索引

   B. 该字段必须包括在 group by 条件中

   C. 该字段必须包含一个累积值

   D. 该字段必须是主键

   E. 该字段必须不能包含 null 值

14. 请判断以下说法是否正确：在 PHP5 中，在默认情况下 mysql 支持是启用的。（   ）

   A. 正确

   B. 错误

15. 连接 MySQL 数据库的正确方法是？
A. mysql_open（"localhost"，"root"，""）;
B. mysql_connect（"localhost"，"root"，""）; √
C. connect_mysql（"localhost"，"root"，""）;
D. dbopen（"localhost"，"root"，""）;

二、问答题

1. mysql_fetch_row()，mysql_fetch_object()和 mysql_fetch_array()之间有什么区别？
mysql_fetch_row，从结果集中取得一行作为枚举数组。
mysql_fetch_object，从结果集中取得一行存储在对象的属性中。
mysql_fetch_array，从结果集中取得一行作为关联数组，或数字数组，或二者兼有。

2. mysql_pconnect()和 mysql_connect()有什么区别？
两者的区别主要有两个：
（1）在进行数据库连接时，mysql_pconnect()函数会先找同一个 host、用户和密码的 persistent（持续的）的链接，如果能找到，则使用这个链接而不返回一个新的链接。
（2）mysql_pconnect()创建的数据库连接在脚本执行完毕后仍然保留，可以被后来的代码继续使用，mysql_close()函数也不会关闭 mysql_pconnect()创建的链接。

3. 使用 PHP 写一段简单查询，查出所有姓名为"王五"或电话号码为 13812512331 的内容并打印出来。数据库名为 db_pserson，表名为 tb_person（字段都为 varchar 类型），如表 1-4-3 所示。

表 1-4-3　tb_person 表

username	phone	edu	date
张三	13563693366	本科毕业	2012-09-11
李四	13812512331	大专毕业	2108-11-15
王五	021-55698566	中专毕业	2016-08-15

请根据上面的题目完成代码。
答：
create database db_pserson;
use db_pserson;
create table tb_person
(
    username varchar(6),
    phone varchar(12),
    edu varchar(8),

```
    date varchar(10)
);
insert into tb_person values("张三", "13563693366", "本科毕业", "2012-09-11");
insert into tb_person values("李四", "13812512331", "大专毕业", "2108-11-15");
insert into tb_person values("王五", "021-55698566", "中专毕业", "2016-08-15");
<?php
    $conn=mysql_connect("localhost", "root", "");
    mysql_select_db("db_pserson", $conn);
    $sql="select * from tb_person where username='王五' or phone='13812512331';";
    $result=mysql_query($sql);
    while($rs=mysql_fetch_array($result))
    {
        echo $rs["username"]." ".$rs["phone"]." ".$rs["edu"]." ".$rs["date"]."<br>";
    }
?>
```

4. 写出 SQL 语句的格式：insert，update，delete。表名 student，id 为整型，date 为日期型，其他字段均为 varchar 类型（见表 1-4-4）。

表 1-4-4　student 表

id	username	telephone	edu	date
1001	刘德	13878693366	中专毕业	2012-09-11
1002	张学	13488512331	大专毕业	2011-11-10
1003	周杰	010-59898566	本科毕业	2018-08-15

（1）有一条新记录（李宇，13083492321，高中毕业，2007-05-06），请用 SQL 语句新增至表中。

```
use test;
create table student
(
    id int not null auto_increment,
    username varchar(6),
    telephone varchar(12),
    edu varchar(8),
    date date,
    primary key(id)
);
insert into student(id,username,telephone,edu,date) values(1001,'刘德','13878693366',
```

'中专毕业', '2012-09-11');

  insert into student(id, username, telephone, edu, date) values(1002, '张学', '13488512331', '大专毕业', '2011-11-10');

  insert into student(id, username, telephone, edu, date) values(1003, '周杰', '010-59898566', '本科毕业', '2018-08-15');

```php
<?php
    $conn=mysql_connect("localhost", "root", "");
    mysql_select_db("test", $conn);
    $sql="insert into student(username, telephone, edu, date) values('李宇', '13083492321', '高中毕业', '2007-05-06');";
    mysql_query($sql);
    mysql_close($conn);
?>
```

（2）请用 sql 语句把刘德的时间更新成为当前系统时间。

```php
<?php
    $conn=mysql_connect("localhost", "root", "");
    mysql_select_db("test", $conn);
    $nowdate=date("y-m-d");
    $sql="update student set date='$nowdate' where username='刘德';";
    $ret=mysql_query($sql);
    if($ret==false)
        echo mysql_error($conn);
    mysql_close($conn);
?>
```

（3）请写出删除编号为 1001 和 1003 的 sql 语句。

```php
<?php
    $conn=mysql_connect("localhost", "root", "");
    mysql_select_db("test", $conn);
    $sql="delete from student where id in(1001, 1003);";
    //$sql="delete from student where id=1001 or id=1003;";
    mysql_query($sql);
    mysql_close($conn);
?>
```

（4）试设计一个完整的实验，完成以上各题，要求给出相关的 SQL 语句和 PHP 程序。

5. 完成以下各题：

（1）创建新闻发布系统表，表名为 message，有如下字段（见表 1-4-5）。

表 1-4-5 message 表

id 文章 id	title 文章标题	content 文章内容	category_id 文章分类 id	hits 点击量
1	创建表	表名，字段名可以用反引号``括起来，而不是单引号''	1	1
2	创建表	字段与字段之间用逗号分开，不能用分号	1	1
3	转置	excel 转置，很有用	2	1
4	创建表	auto_increment, primary key（id）	1	

答：
create table `message`
(
　　`id` int(10) not null **auto_increment**,
　　title varchar(200) default null,
　　content **text**,
　　category_id int(10) not null,
　　hits int(20),
　　primary key(id)
)engine=innodb default charset=**gb2312**;
insert into message values(1, "创建表", "表名，字段名可以用反引号``括起来，而不是单引号''", 1, 1);
insert into message values(2, "创建表", "字段与字段之间用逗号分开，不能用分号", 1, 2);
insert into message values(3, "转置", "excel 转置，很有用！", 2, 3);
insert into message values(4, "创建表", "auto_increment, primary key(id)", 1, null);

（2）同样上述新闻发布系统：表 comment 记录用户回复内容，字段如表 1-4-6 所示。

表 1-4-6 comment 表

comment_id 回复 id	id 文章 id，关联 message 表中的 id	comment_content 回复内容
1	1	对的
2	2	分号用语句结束
3	3	行列交换
4	1	也不能用中括号[]

　　现通过查询数据库需要得到以下格式的文章标题列表，并按照回复数量排序，回复最高的排在最前面（见表 1-4-7）：

表 1-4-7 文章标题列表

文章 id	文章标题	点击量	回复数量
1	创建表	1	1
2	创建表	2	1
3	转置	3	1
4	创建表	0	0

用一个 SQL 语句完成上述查询（见图 1-4-4），如果文章没有回复则回复数量显示为 0：

答：

create table comment

(

    comment_id int(10) not null auto_increment,

    id int(10),

    comment_content text,

    primary key(comment_id)

)engine=innodb default charset=gb2312;

insert into comment values(1, 1, "对的");

insert into comment values(2, 2, "分号用语句结束");

insert into comment values(3, 3, "行列交换");

insert into comment values(4, 1, "也不能用用中括号[]");

select message.id id, message.title title, **if(message.`hits` is null, 0, message.`hits`) hits**, if(comment.`id` is null, 0, count(*)) number

from message **left join** comment on message.id=comment.id

group by message.`id`;

```
mysql> SELECT message.id id,message.title title,IF(message.`hits` IS NULL,0,mess
age.`hits`) hits,IF(comment.`id` is NULL,0,count(*)) number
    -> FROM message LEFT JOIN comment ON message.id=comment.id
    -> GROUP BY message.`id`;
+----+--------+------+--------+
| id | title  | hits | number |
+----+--------+------+--------+
|  1 | 创建表 |    1 |      2 |
|  2 | 创建表 |    2 |      1 |
|  3 | 转置   |    3 |      1 |
|  4 | 创建表 |    0 |      0 |
+----+--------+------+--------+
4 rows in set (0.00 sec)
```

图 1-4-4 查询语句

（3）上述内容管理系统，表 category 保存分类信息，字段如下：

category_id int(4) not null auto_increment;

categroy_name varchar(40) not null;;

用户输入文章时，通过选择下拉菜单选定文章分类，请写出如何实现这个下拉菜单。

答：

```sql
create table category
(
    category_id int(4) not null auto_increment,
    categroy_name varchar(40) not null,
    primary key(category_id)
)engine=innodb default charset=gb2312;
insert into category values(1, "mysql");
insert into category values(2, "excel");
```

```php
<?php
    function categorylist()
    {
        $result=mysql_query("select category_id, categroy_name from category") or die ("invalid query:".mysql_error());
        print("<select name='category' value=''>\n");
        while($rowarray=mysql_fetch_array($result))
        {
            print("<option value='".$rowarray['category_id']."'>".$rowarray['categroy_name']."</option>\n");
        }
        print("</select>");
    }
    $conn=mysql_connect("localhost", "root", "");
    mysql_select_db("test", $conn);//注意连接名要前后一致。
    categorylist();
?>
```

5 PHP 和 XML

5.1 Expat 解析器

内建的 Expat 解析器使在 PHP 中处理 XML 文档成为可能。

5.1.1 什么是 XML？

XML 用于描述数据，其焦点是数据，XML 文件描述了数据的结构，在 XML 中，没有预定义的标签，你必须定义自己的标签。

5.1.2 什么是 Expat？

若需读取、更新、创建并处理一个 XML 文档，需要 XML 解析器，有两种基本的 XML 解析器类型：

1. 基于树的解析器

这种解析器把 XML 文档转换为树型结构，它分析整篇文档，并提供了 API 来访问树中的元素，例如文档对象模型（DOM）。

2. 基于事件的解析器

将 XML 文档视为一系列的事件，当某个具体的事件发生时，解析器会调用函数来处理，Expat 解析器是基于事件的解析器，基于事件的解析器集中在 XML 文档的内容，而不是它们的结果，正因为如此，基于事件的解析器比基于树的解析器能更快地访问数据，请看下面的 XML 片段：

\<from\>John\</from\>

基于事件的解析器把上面的 XML 报告为三个事件：

（1）开始元素：from；

（2）开始 CDATA 部分，值：John；

（3）关闭元素：from。

上面的 XML 范例形式良好，不过是无效的 XML，因为没有与它关联的文档类型声明（DTD），也没有内嵌的 DTD，在使用 Expat 解析器时，这没有区别，Expat 是不检查有效性的解析器，忽略任何 DTD。作为一款基于事件、非验证的 XML 解析器，Expat 快速且轻巧，十分适合 PHP 的 web 应用程序。

注意：XML 文档必须形式良好，否则 Expat 会生成错误。

5.1.3 示例 XML 文件

将在下面的例子中使用 XML 文件（test.xml）：

```xml
<?xml version="1.0" encoding="ISO-8859-1"?>
<note>
    <to>George</to>
    <from>John</from>
    <heading>Reminder</heading>
    <body>Don't forget the meeting!</body>
</note>
```

5.1.4 初始化 XML 解析器

我们要在 PHP 中初始化 XML 解析器，为不同的 XML 事件定义处理器，然后解析这个 XML 文件：

```php
<?php
    //为开始元素定义处理器
    function start($parser, $element_name, $element_attrs)
    {
        switch($element_name)
        {
            case "NOTE":
                echo "-- Note --<br />";
                break;
            case "TO":
                echo "To: ";
                break;
            case "FROM":
                echo "From: ";
                break;
            case "HEADING":
                echo "Heading: ";
                break;
            case "BODY":
                echo "Message: ";
        }//switch
    }//start
```

```php
//为关闭元素定义处理器
function stop($parser, $element_name)
{
   echo "<br />";
}//stop
//为开始 CDATA 部分定义处理器
function char($parser, $data)
{
   echo $data;
}
//初始化 XML 解析器
$parser=xml_parser_create(); //XML Expat 解析器是 PHP 核心的组成部分，
                //无需安装就可以使用这些函数
                //创建 XML 解析器,该函数建立一个新的 XML 解析器
                //并返回可被其他 XML 函数使用的资源句柄$parser
xml_set_element_handler($parser, start, stop); //建立起始和终止元素处理器
                //如果处理器被成功地建立，该函数将返回 true;
                //否则返回 false
xml_set_character_data_handler($parser, char); //建立字符数据处理器
        //该函数规定当解析器在 XML 文件中找到字符数据时所调用的函数
        //如果处理器被成功地建立，该函数将返回 true，否则返回 false
$fp=fopen("test.xml", "r");//打开 XML 文件
while($data=fread($fp, filesize("test.xml")))//读取数据
{
   xml_parse($parser, $data, feof($fp)) or die(sprintf("XML Error: %s at line %d",
      xml_error_string(xml_get_error_code($parser)),
      xml_get_current_line_number($parser)));
        //xml_parse()函数解析 XML 文档,如果成功,则返回 true,否则,返回 false
        //如果 feof($fp)是 true，则 xml 参数中的数据为当前解析中最后一段数据。
        //xml_get_error_code()函数获取 XML 解析器错误代码，如果成功,
        //则返回错误代码，否则，返回 false
        //xml_get_current_line_number()函数获取 XML 解析器的当前行号
        //xml_error_string()函数获取 XML 解析器的错误描述
}//while
xml_parser_free($parser); //释放 XML 解析器,如果成功,则返回 true,否则返回 false
?>
```

以上代码的输出为（见图 1-5-1）：

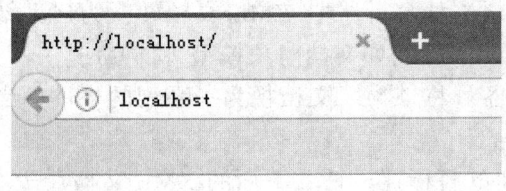

图 1-5-1　运行结果

工作原理解释：
（1）创建配合不同事件处理程序的函数，例如 start()，stop()和 char()；
（2）通过 xml_parser_create()函数初始化 XML 解析器；
（3）通过 xml_set_element_handler()函数来定义当解析器遇到开始和结束标签时执行哪个函数；
（4）通过 xml_set_character_data_handler()函数来定义当解析器遇到字符数据时执行哪个函数；
（5）通过 xml_parse()函数来解析 test.xml 文件；
（6）如果有错误，可通过 xml_get_error_code()函数获取错误代码，通过 xml_error_string()函数把 XML 错误代码转换为文本说明；
（7）调用 xml_parser_free()函数来释放分配给 xml_parser_create()函数的内存。

5.2　DOM 解析器

内建的 DOM 解析器使在 PHP 中处理 XML 文档成为可能。

5.2.1　什么是 DOM？

W3C DOM 提供了针对 HTML 和 XML 文档的标准对象集以及用于访问和操作这些文档的标准接口，W3C DOM 被分为不同的部分（Core，XML 和 HTML）和不同的级别（DOM Level1/2/3）：
（1）Core DOM，为任何结构化文档定义标准的对象集。
（2）XML DOM，为 XML 文档定义标准的对象集。
（3）HTML DOM，为 HTML 文档定义标准的对象集。

5.2.2　XML 解析

如需读取和更新、创建并处理一个 XML 文档，你需要 XML 解析器，有两种基本的 XML

解析器类型:

(1) 基于树的解析器。这种解析器把 XML 文档转换为树型结构,它分析整篇文档,并提供了 API 来访问树中的元素,例如文档对象模型 (DOM)。

(2) 基于事件的解析器。将 XML 文档视为一系列的事件,当某个具体的事件发生时,解析器会调用函数来处理。

DOM 解析器是基于树的解析器,请看下面的 XML 文档片段:

<?xml version="1.0" encoding="ISO-8859-1"?>
<from>John</from>

XML DOM 把 XML 视为一个树形结构:

(1) Level1, XML 文档。
(2) Level2, 根元素: <from>。
(3) Level3, 文本元素: "John"。

5.2.3 加载和输出 XML

我们需要初始化 XML 解析器,加载 XML,并把它输出:

```php
<?php
    $xmlDoc=new DOMDocument(); //DOMDocument 是一个 PHP 类
    $xmlDoc->load("test.xml");
    print $xmlDoc->saveXML();
?>
```

假如在浏览器窗口中查看源代码,会看到下面这些 HTML (见图 1-5-2):

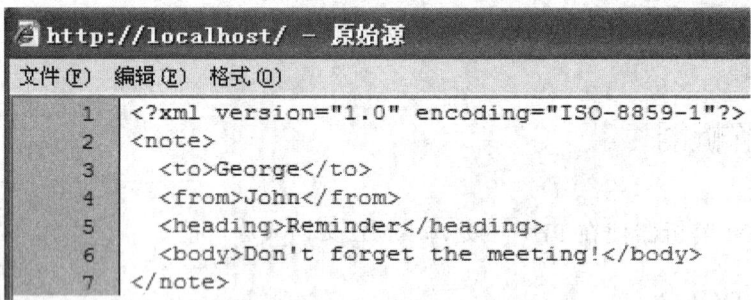

图 1-5-2 浏览器查看源码

上面的例子创建了一个 DOMDocument 对象,并把"test.xml"中的 XML 载入这个文档对象中,saveXML()函数把内部 XML 文档放入一个字符串,这样就可以输出它。

5.2.4 循环 XML

我们要初始化 XML 解析器,加载 XML,并循环<note>元素的所有元素:

```php
<?php
    $xmlDoc=new DOMDocument();
    $xmlDoc->load("test.xml");
```

$x=$xmlDoc->documentElement;
foreach($x->childNodes AS $item)
　　print $item->nodeName."=".$item->nodeValue."
";
?>

以上代码的输出（见图1-5-3）：

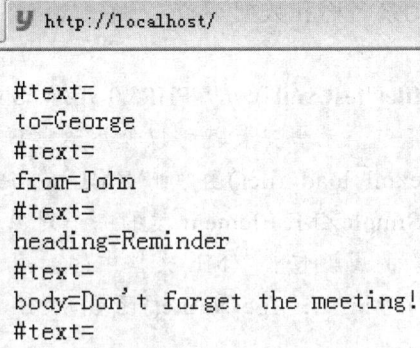

图1-5-3　代码输出

在上面的例子中，可以看到每个元素之间存在空的文本节点，当XML生成时，它通常会在节点之间包含空白，XML DOM解析器把它们当作普通的元素，如果不注意它们，有时会产生问题。

5.3　SimpleXML

SimpleXML处理最普通的XML任务，其余的任务则交由其他扩展。

5.3.1　什么是SimpleXML？

SimpleXML是PHP5中的新特性，在了解XML文档layout的情况下，它是一种取得元素属性和文本的便利途径，与DOM或Expat解析器相比，SimpleXML仅仅用几行代码就可以从元素中读取文本数据，SimpleXML可把XML文档转换为对象，比如：

（1）元素被转换为SimpleXMLElement对象的单一属性，当同一级别上存在多个元素时，它们会被置于数组中。

（2）属性通过使用关联数组进行访问，其中的下标对应属性名称。

（3）元素数据来自元素的文本数据，被转换为字符串，如果一个元素拥有多个文本节点，则按照它们被找到的顺序进行排列。

当执行类似下列的基础任务时，SimpleXML使用起来非常快捷：

（1）读取XML文件；

（2）从XML字符串中提取数据；

（3）编辑文本节点或属性。

不过，在处理高级XML时，比如命名空间，最好使用Expat解析器或XML DOM。

5.3.2 使用 SimpleXML

下面打算从前面的 test.xml 文件中输出元素的名称和数据，这是需要做的事情：
（1）加载 XML 文件；
（2）取得第一个元素的名称；
（3）使用 children()函数创建在每个子节点上触发的循环；
（4）输出每个子节点的元素名称和数据。

```
<?php
  $xml=simplexml_load_file("test.xml"); //从 PHP5.0 开始，SimpleXML 函数是 PHP 核心的
                                        //组成部分，无需安装就可以使用这些函数
                                        //simplexml_load_file()函数把 XML 文档载入对象中
                                        //返回 SimpleXMLElement 类的一个对象，
                                        //该对象的属性包含 XML 文档中的数据，如果失败，则返回 false
  echo $xml->getName()."<br/>"; //getName()函数从 SimpleXMLElement 对象获取 XML 元素
                                //的名称，如果成功，该函数返回当前 XML 元素的名称，如果失败，则返回 false
  foreach($xml->children() as $child) //children()函数获取指定节点的子节点
      echo $child->getName().": $child<br/>";
?>
```

以上代码的输出为（见图 1-5-4）：

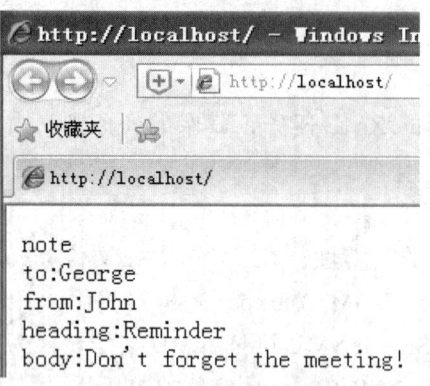

图 1-5-4　运行结果

5.4　XML 应用实例——留言本

前面介绍了 XML 的基本操作，本节将以设计一个 XML 留言本为例来详细说明在实际应用中如何实现 PHP 与 XML 数据的交互操作。

5.4.1　XML 文件结构设计

XML 文件用于存储 XML 数据，也就是留言本中的留言，这里，对于每条留言，在 XML

数据中主要包括三项内容：留言标题、留言者姓名、留言内容。因此，将 XML 文件的格式设计如下：

```xml
<?xml version="1.0" encoding="gb2312"?>
<threads>
    <thread>
        <title>这里是留言的标题</title>
        <author>这里是留言者</author>
        <content>这里是留言内容</content>
    </thread>
</threads>
```

5.4.2 提交页面的编写

提交留言页面由两个页面组成，一个是让访问者用来书写留言的表单的 HTML 文件，一个是用来处理访问者输入的 PHP 脚本，表单的 HTML 代码如下所示：

```html
<html>
  <head>
    <title>发表新的留言</title>
    <meta http-equiv="Content-Type" content="text/html; charset=utf-8">
  </head>
  <body>
    <H1><p align="center">发表新的留言</p></H1>
    <form name="form1" method="post" action="guest.php">
      <table width="500" border="0" align="center" cellpadding="0" cellspacing="0">
        <tr>
          <td>标题</td>
          <td><input name="title" type="text" id="title" size="50"></td>
        </tr>
        <tr>
          <td>作者</td>
          <td><input name="author" type="text" id="author" size="20"></td>
        </tr>
        <tr>
          <td>内容</td>
          <td><textarea name="content" cols="50" rows="10" id="content"></textarea></td>
        </tr>
      </table>
      <p align="center">
        <input type="submit" value="Submit">
```

```html
            <input type="reset" value="Reset">
        </p>
    </form>
</body>
</html>
```

对于用来处理用户输入的 PHP 脚本，其基本逻辑是首先创建一个 DOM 对象，然后读取 XML 文件中的 XML 数据，接下来在 XML 对象上创建新的节点并将用户的输入储存起来，最后将 XML 数据输出到原来的 XML 文件中，具体实现代码如下所示：

```php
<?php
    $guestbook=new DomDocument(); //创建一个新的 DOM 对象
    $guestbook->load("guest.xml"); //读取 XML 数据
    $threads=$guestbook->documentElement; //获得 XML 结构的根
    //创建一个新 thread 节点
    $thread=$guestbook->createElement("thread");
    $threads->appendChild($thread);
    //在新的 thread 节点上创建 title 标签
    $title=$guestbook->createElement("title");
    $title->appendChild($guestbook->createTextNode($_POST['title']));
    $thread->appendChild($title);
    //在新的 thread 节点上创建 author 标签
    $author=$guestbook->createElement("author");
    $author->appendChild($guestbook->createTextNode($_POST['author']));
    $thread->appendChild($author);
    //在新的 thread 节点上创建 content 标签
    $content=$guestbook->createElement("content");
    $content->appendChild($guestbook->createTextNode($_POST['content']));
    $thread->appendChild($content);
    //将 XML 数据写入文件
    $fp=fopen("guest.xml", "w");
    if(fwrite($fp, $guestbook->saveXML()))
        echo "留言提交成功";
    else
        echo "留言提交失败";
    fclose($fp);
?>
```

5.4.3 显示页面的编写

显示页面可以使用前面介绍的 SimpleXML 组件很容易地实现，具体实现代码如下所示：

```php
<?php
   //打开用于存储留言的 XML 文件
   $guestbook=simplexml_load_file('guest.xml');
   foreach($guestbook->thread as $th) //循环读取 XML 数据中的每一个 thread 标签
   {
      echo "<B>标题：</B>".$th->title."<BR>";
      echo "<B>作者：</B>".$th->author."<BR>";
      echo "<B>内容：</B><PRE>".$th->content."</PRE>";
      echo "<HR>";
   }
?>
```

5.5 习题

1. XML 指的是（　　）。
A. Example Markup Language
B. X-Markup Language
C. eXtensible Markup Language
D. eXtra Modern Link

2. XML 对数据进行描述的方式是（　　）。
A. XML 使用 XSL 来描述数据
B. XML 使用 DTD 来描述数据
C. XML 使用描述节点类描述数据

3. XML 的目标是取代 HTML，正确吗？（　　）
A. 错误
B. 正确

4. 下列定义 XML 版本的声明中语法正确的是（　　）。
A. <?xml version="1.0" />
B. <?xml version="1.0"?>
C. <xml version="1.0" />

5. DTD 指的是（　　）。
A. Dynamic Type Definition
B. Do The Dance
C. Document Type Definition
D. Direct Type Definition

6. 这是一个"形式良好"的文档吗？（　　）
<?xml version="1.0"?>
<note>
  <to>Tove</to>
  <from>Jani</from>

```
<heading>Reminder</heading>
<body>Don't forget me this weekend!</body>
</note>
```
A. 是
B. 否

7. 这是一个"形式良好"的文档吗？（　　　）
```
<?xml version="1.0"?>
<to>Tove</to>
<from>Jani</from>
<heading>Reminder</heading>
<body>Don't forget me this weekend!</body>
```
A. 是
B. 否

8. 哪条陈述是正确的？（　　　）
A. 所有的 XML 元素都必须是小写的
B. 所有 XML 元素都必须正确地关闭
C. 所有 XML 文档都必须有 DTD
D. 以上陈述都是正确的

9. 哪条陈述是正确的？（　　　）
A. XML 标签对大小写敏感
B. XML 文档必须有根标签
C. XML 元素必须被正确地嵌套
D. 以上陈述都是正确的

10. XML 可保留空白字符，正确吗？（　　　）
A. 错误
B. 正确

11. 这是一个"形式良好"的文档吗？（　　　）
```
<?xml version="1.0"?>
<note>
   <to age="29">Tove</to>
   <from>Jani</from>
</note>
```
A. 是
B. 否

12. 这是一个"形式良好"的文档吗？（　　　）
```
<?xml version="1.0"?>
<note>
   <to age=29>Tove</to>
   <from>Jani</from>
</note>
```

A. 是

B. 否

13. XML 元素不能为空，正确吗？（　　）

A. 正确

B. 错误

14. 对于一个 XML 文档，以下哪个名称是错误的？（　　）

A. <Note>

B. <h1>

C. <1dollar>

D. 以上三个都不正确

15. 对于一个 XML 文档，以下哪个名称是错误的？（　　）

A. <NAME>

B. <age>

C. <first name>

D. 以上三个都不正确

16. 对于一个 XML 文档，以下哪个名称是错误的？（　　）

A. <7eleven>

B. <xmldocument>

C. <phone number>

D. 以上三个都不正确

17. 必须使用引号包围 XML 的属性值，正确吗？（　　）

A. 正确

B. 错误

18. XSL 指的是？（　　）

A. eXtra Style Language

B. eXpandable Style Language

C. eXtensible Style Listing

D. eXtensible Stylesheet Language

19. 以下哪种方法可正确地引用名为"mystyle.xsl"的样式表？（　　）

A. <link type="text/xsl" href="mystyle.xsl" />

B. <?xml-stylesheet type="text/xsl" href="mystyle.xsl" ?>

C. <stylesheet type="text/xsl" href="mystyle.xsl" />

20. 供 XML 解析器忽略 XML 文档的特定部分的正确语法是（　　）。

A. <xml:CDATA[Text to be ignored]>

B. <PCDATA> Text to be ignored </PCDATA>

C. <![CDATA[Text to be ignored]]>

D. <CDATA> Text to be ignored </CDATA>

6 PHP 和 AJAX

6.1 AJAX 简介

AJAX 是 Asynchronous JavaScript And XML（异步 JavaScript 及 XML）的首字母缩写。AJAX 并不是一种新的编程语言，而仅仅是一种新的技术，它可以创建更好、更快且交互性更强的 Web 应用程序。

AJAX 使用 JavaScript 在 Web 浏览器与 Web 服务器之间发送和接收数据，通过在幕后与 Web 服务器交换数据，而不是每当用户作出改变时重载整个 Web 页面，AJAX 技术可以使网页更迅速地响应。AJAX 基于以下开放的标准：

（1）JavaScript；
（2）XML；
（3）HTML；
（4）CSS。

在 AJAX 中使用的开放标准被良好地定义，并得到所有主要浏览器的支持，AJAX 应用程序独立于浏览器和平台，可以说，它是一种跨平台跨浏览器的技术，与桌面应用程序相比，Web 应用程序有很多优势：

（1）可拥有更多用户。
（2）更容易安装和维护。
（3）更容易开发。

但是，应用程序不总是像传统应用程序那样强大和友好，通过 AJAX，可以使 Internet 应用程序更加强大、轻巧、快速，且更易使用。AJAX 基于开放的标准，而这些标准已被大多数开发者使用多年，大多数 Web 应用程序可通过使用 AJAX 技术进行重写，来替代传统的 HTML 表单。

传统的 Web 应用程序会把数据提交到 Web 服务器（使用 HTML 表单），在 Web 服务器把数据处理完毕之后，会向用户返回一张完整的新网页。由于每当用户提交输入，服务器就会返回新网页，传统的 Web 应用程序往往运行缓慢，且越来越不友好。通过 AJAX，Web 应用程序无需重载网页，就可以发送并取回数据，完成这项工作，需要通过向服务器发送 HTTP 请求（在幕后），当服务器返回数据时，使用 JavaScript 仅仅修改网页的某部分。接收服务器数据的格式一般使用 XML，尽管可以使用任何格式，包括纯文本。在本教程接下来的章节中将会学习到如何完成这些工作。

6.2 XMLHttpRequest 对象

XMLHttpRequest 对象使 AJAX 成为可能，是 AJAX 的关键，该对象在 Internet Explorer 5.5 于 2000 年 7 月发布之后就已经可用了，但是在 2005 人们开始讨论 AJAX 和 Web 2.0 之前，这个对象并没有得到充分的认识。

不同的浏览器使用不同的方法来创建 XMLHttpRequest 对象，Internet Explorer 使用 ActiveXObject，其他浏览器使用名为 XMLHttpRequest 的 JavaScript 内建对象，要克服这个问题，可以使用这段简单的代码：

```
var XMLHttp=null
    //创建一个作为 XMLHttpRequest 对象使用的 XMLHttp 变量
if(window.XMLHttpRequest)              //测试 window.XMLHttpRequest 对象是否可用
    XMLHttp=new XMLHttpRequest()       //如果可用，则用它创建一个新对象
else if(window.ActiveXObject)
    //如果不可用，则检测 window.ActiveXObject 是否可用
    XMLHttp=new ActiveXObject("Microsoft.XMLHTTP")
    //如果可用，使用它来创建一个新对象
```

一些程序员喜欢使用最新最快的版本的 XMLHttpRequest 对象，下面的例子试图加载微软最新版本的 "**Msxml2.XMLHTTP**"，在 Internet Explorer 6 中可用，如果无法加载，则后退到 "**Microsoft.XMLHTTP**"，在 Internet Explorer 5.5 及其后版本中可用。

```
function GetXmlHttpObject()
{
    var xmlHttp=null;
    //创建用作 XMLHttpRequest 对象的 XMLHttp 变量
    try
    {
        xmlHttp=new XMLHttpRequest();
        //按照 Web 标准创建对象（Mozilla，Opera 以及 Safari）
    }
    catch(e)
    {
        try
        {
            xmlHttp=new ActiveXObject("Msxml2.XMLHTTP");
            //按照微软的方式创建对象
        }
        catch(e)
        {
            xmlHttp=new ActiveXObject("Microsoft.XMLHTTP");
```

```
      //尝试更老的方法
    }
  }
  return xmlHttp;
}
```

6.3 AJAX 请求

在下面的 AJAX 例子中（见图 1-6-1），我们将演示当用户向 Web 表单中输入数据时，网页如何与在线的 Web 服务器进行通信。

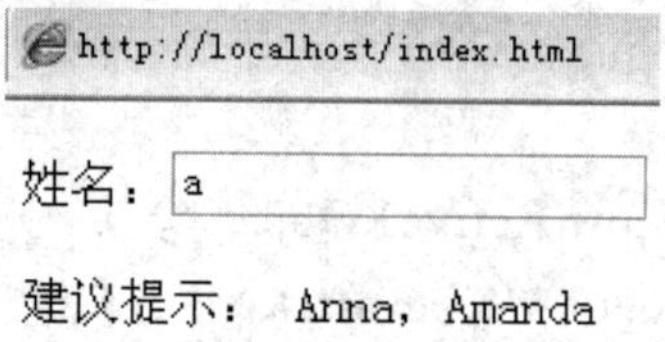

图 1-6-1 HTML 页面

这个例子包括三张页面：
（1）一个简单的 HTML 表单；
（2）一段 JavaScript；
（3）一张 PHP 页面。

1. HTML 表单

这是 HTML 表单，它包含一个简单的 HTML 表单和指向 JavaScript 的链接（见图 1-6-2）：

```
<html>
  <head>
    <script src="clienthint.js"></script>
  </head>
  <body>
    <form>
      姓名：<input type="text" id="txt1" onkeyup="showHint(this.value)">
    </form>
    <p>建议提示：<span id="txtHint"></span></p>
  </body>
</html>
```

图 1-6-2 HTML 页面

正如所看到的，上面的 HTML 页面含有一个简单的 HTML 表单，其中带有一个名为 txt1 的输入字段，当用户在输入域中按下并松开按键时，会触发一个事件，当该事件被触发时，执行名为 showHint()的函数，表单的下面是一个名为 txtHint 的<span>，它用作 showHint()函数所返回数据的占位符。

2. JavaScript 代码

JavaScript 代码存储在"clienthint.js"文件中，它被链接到 HTML 文档。

```javascript
var xmlHttp

function GetXmlHttpObject()
{
  var xmlHttp=null;
  try
  {
    //Firefox，Opera 8.0+，Safari
    xmlHttp=new XMLHttpRequest();
  }
  catch(e)
  {
    //Internet Explorer
    try
    {
      xmlHttp=new ActiveXObject("Msxml2.XMLHTTP");
    }
    catch(e)
    {
      xmlHttp=new ActiveXObject("Microsoft.XMLHTTP");
    }
  }//catch
  return xmlHttp;
}//GetXmlHttpObject

function showHint(str)
{
  if(str.length==0)
  {
    document.getElementById("txtHint").innerHTML=""
    return
  }//if
```

```
    xmlHttp=GetXmlHttpObject() //自定义函数
    if(xmlHttp==null)
    {
        alert("浏览器不支持 HTTP 请求")
        return
    }//if
    var url="gethint.php?q="+str+"&sid="+Math.random()
    xmlHttp.onreadystatechange=stateChanged
    xmlHttp.open("GET", url, true)
    xmlHttp.send(null)
}//showHint

function stateChanged()
{
    if(xmlHttp.readyState==4 || xmlHttp.readyState=="complete")
        document.getElementById("txtHint").innerHTML=xmlHttp.responseText
}//stateChanged
```

每当在输入域中输入一个字符，showHint()函数就会被执行一次，如果文本框中有内容（str.length>0），该函数这样执行：

（1）定义要发送到服务器的 URL（文件名）。
（2）把带有输入域内容的参数 q 添加到这个 URL。
（3）添加一个随机数，以防服务器使用缓存文件。
（4）调用 GetXmlHttpObject 函数（自定义函数）来创建 XMLHTTP 对象，并在事件被触发时告知该对象执行名为 stateChanged 的函数（自定义函数）。
（5）用给定的 URL 来打开这个 XMLHTTP 对象。
（6）向服务器发送 HTTP 请求。

如果输入域为空，则函数简单地清空 txtHint 占位符的内容，每当 XMLHTTP 对象的状态发生改变，则执行 stateChanged()函数，在状态变成4（或 complete）时，用响应文本填充 txtHint 占位符 txtHint 的内容。AJAX 应用程序只能运行在完整支持 XML 的 Web 浏览器中，上面的代码调用了名为 GetXmlHttpObject()的函数（自定义函数），该函数的作用是解决不同浏览器创建不同 XMLHTTP 对象的问题，这一点在上一节中已经解释过了。

3. PHP 页面

被 JavaScript 代码调用（请求）的服务器页面是一个名为"gethint.php"的简单服务器页面，"gethint.php"中的代码会检查名字数组，然后向客户端返回对应的名字。

```
<?php
    header("Content-type:text/html;charset=gb2312");
    $a=array("Anna", "Brittany", "Cinderella", "Diana", "Eva", "Fiona", "Gunda", "Hege", "Inga", "Johanna", "Kitty", "Linda", "Nina", "Ophelia", "Petunia", "Amanda", "Raquel",
```

```php
"Cindy", "Doris", "Eve", "Evita", "Sunniva", "Tove", "Unni", "Violet", "Liza", "Elizabeth",
"Ellen", "Wenche", "Vicky");
    $q=$_GET["q"]; //从 URL, gethint.php?q=str 获取 q 参数
    if(strlen($q)>0)
    {
      $hint="";
      for($i=0;$i<count($a);$i++)
      {
        if(strtolower($q)==strtolower(substr($a[$i], 0, strlen($q))))
        {
          if($hint=="")
            $hint=$a[$i];
          else
            $hint.=", $a[$i]";
        }//if
      }//for
    }//if
    if($hint=="")
      $response="no suggestion";
    else
      $response=$hint;
    echo $response;
?>
```

如果存在从 JavaScript 送来的文本（strlen（$q）>0），则：

（1）找到与 JavaScript 所传送的字符相匹配的名字；

（2）如果找到多个名字，把所有名字包含在 response 字符串中；

（3）如果没有找到匹配的名字，把 response 设置为"no suggestion"；

（4）如果找到一个或多个名字，把 response 设置为这些名字；

（5）把 response 发送到 txtHint 占位符。

为了方便，调试时，可以直接用浏览器 IE 单独调用（请求）gethint.php，例如：

（1）http://localhost/gethint.php

（2）http://localhost/gethint.php?q=a

（3）http://localhost/gethint.php?q=a&sid=1

思考题：如果不用异步，用同步呢，如何实现？有什么不同呢？

6.4 AJAX XML 实例

AJAX 可与 XML 文件进行交互式通信，在下面的 AJAX 实例中，我们将演示网页如何使

用 AJAX 技术从 XML 文件中读取信息（见图 1-6-3）。

图 1-6-3　HTML 页面

本例包括四张页面：
（1）一个简单 HTML 表单；
（2）一个 XML 文件；
（3）一个 JavaScript 文件；
（4）一张 PHP 页面。

1. HTML 表单

上面的例子包含了一张简单的 HTML 表单以及指向 JavaScript 的链接：

```
<html>
  <head>
    <script src="selectcd.js"></script>
  </head>
  <body>
    <form>
<b>在下面的下拉列表中选择一个 CD</b><br>
        选择一个 CD：
      <select name="cds" onchange="showCD(this.value)">
        <option value="Bob Dylan">Bob Dylan</option>
        <option value="Bee Gees">Bee Gees</option>
        <option value="Cat Stevens">Cat Stevens</option>
      </select>
    </form>
    <p>
      <div id="txtHint"><b>在此列出 CD 信息。</b></div>
    </p>
  </body>
</html>
```

正如所看到的，它仅仅是一张简单的 HTML 表单，其中带有名为 cds 的下拉列表，表单下面的段落包含了一个名为 txtHint 的 div，这个 div 用作从 Web 服务器检索到的数据的占位符，当用户选择数据时，会执行名为"showCD（this.value）"的函数，这个函数的执行是由 onchange 事件触发的，换句话说，每当用户改变了下拉列表中的值，就会调用"showCD（this.value）"函数。

2. XML 文件

XML 文件是"cd_catalog.xml",该文件包含了有关 CD 收藏的数据。

```xml
<?xml version="1.0" encoding="ISO-8859-1"?>
<CATALOG>
    <CD>
        <TITLE>Empire Burlesque</TITLE>
        <ARTIST>Bob Dylan</ARTIST>
        <COUNTRY>USA</COUNTRY>
        <COMPANY>Columbia</COMPANY>
        <PRICE>10.90</PRICE>
        <YEAR>1985</YEAR>
    </CD>
    <CD>
        <TITLE>Hide your heart</TITLE>
        <ARTIST>Bonnie Tyler</ARTIST>
        <COUNTRY>UK</COUNTRY>
        <COMPANY>CBS Records</COMPANY>
        <PRICE>9.90</PRICE>
        <YEAR>1988</YEAR>
    </CD>
    <CD>
        <TITLE>Greatest Hits</TITLE>
        <ARTIST>Dolly Parton</ARTIST>
        <COUNTRY>USA</COUNTRY>
        <COMPANY>RCA</COMPANY>
        <PRICE>9.90</PRICE>
        <YEAR>1982</YEAR>
    </CD>
    <CD>
        <TITLE>Still got the blues</TITLE>
        <ARTIST>Gary Moore</ARTIST>
        <COUNTRY>UK</COUNTRY>
        <COMPANY>Virgin records</COMPANY>
        <PRICE>10.20</PRICE>
        <YEAR>1990</YEAR>
    </CD>
    <CD>
        <TITLE>Eros</TITLE>
```

```xml
        <ARTIST>Eros Ramazzotti</ARTIST>
        <COUNTRY>EU</COUNTRY>
        <COMPANY>BMG</COMPANY>
        <PRICE>9.90</PRICE>
        <YEAR>1997</YEAR>
</CD>
<CD>
        <TITLE>One night only</TITLE>
        <ARTIST>Bee Gees</ARTIST>
        <COUNTRY>UK</COUNTRY>
        <COMPANY>Polydor</COMPANY>
        <PRICE>10.90</PRICE>
        <YEAR>1998</YEAR>
</CD>
<CD>
        <TITLE>Sylvias Mother</TITLE>
        <ARTIST>Dr.Hook</ARTIST>
        <COUNTRY>UK</COUNTRY>
        <COMPANY>CBS</COMPANY>
        <PRICE>8.10</PRICE>
        <YEAR>1973</YEAR>
</CD>
<CD>
        <TITLE>Maggie May</TITLE>
        <ARTIST>Rod Stewart</ARTIST>
        <COUNTRY>UK</COUNTRY>
        <COMPANY>Pickwick</COMPANY>
        <PRICE>8.50</PRICE>
        <YEAR>1990</YEAR>
</CD>
<CD>
        <TITLE>Romanza</TITLE>
        <ARTIST>Andrea Bocelli</ARTIST>
        <COUNTRY>EU</COUNTRY>
        <COMPANY>Polydor</COMPANY>
        <PRICE>10.80</PRICE>
        <YEAR>1996</YEAR>
</CD>
<CD>
```

```xml
        <TITLE>When a man loves a woman</TITLE>
        <ARTIST>Percy Sledge</ARTIST>
        <COUNTRY>USA</COUNTRY>
        <COMPANY>Atlantic</COMPANY>
        <PRICE>8.70</PRICE>
        <YEAR>1987</YEAR>
</CD>
<CD>
        <TITLE>Black angel</TITLE>
        <ARTIST>Savage Rose</ARTIST>
        <COUNTRY>EU</COUNTRY>
        <COMPANY>Mega</COMPANY>
        <PRICE>10.90</PRICE>
        <YEAR>1995</YEAR>
</CD>
<CD>
        <TITLE>1999 Grammy Nominees</TITLE>
        <ARTIST>Many</ARTIST>
        <COUNTRY>USA</COUNTRY>
        <COMPANY>Grammy</COMPANY>
        <PRICE>10.20</PRICE>
        <YEAR>1999</YEAR>
</CD>
<CD>
        <TITLE>For the good times</TITLE>
        <ARTIST>Kenny Rogers</ARTIST>
        <COUNTRY>UK</COUNTRY>
        <COMPANY>Mucik Master</COMPANY>
        <PRICE>8.70</PRICE>
        <YEAR>1995</YEAR>
</CD>
<CD>
        <TITLE>Big Willie style</TITLE>
        <ARTIST>Will Smith</ARTIST>
        <COUNTRY>USA</COUNTRY>
        <COMPANY>Columbia</COMPANY>
        <PRICE>9.90</PRICE>
        <YEAR>1997</YEAR>
</CD>
```

```xml
<CD>
    <TITLE>Tupelo Honey</TITLE>
    <ARTIST>Van Morrison</ARTIST>
    <COUNTRY>UK</COUNTRY>
    <COMPANY>Polydor</COMPANY>
    <PRICE>8.20</PRICE>
    <YEAR>1971</YEAR>
</CD>
<CD>
    <TITLE>The very best of</TITLE>
    <ARTIST>Cat Stevens</ARTIST>
    <COUNTRY>UK</COUNTRY>
    <COMPANY>Island</COMPANY>
    <PRICE>8.90</PRICE>
    <YEAR>1990</YEAR>
</CD>
<CD>
    <TITLE>Stop</TITLE>
    <ARTIST>Sam Brown</ARTIST>
    <COUNTRY>UK</COUNTRY>
    <COMPANY>A and M</COMPANY>
    <PRICE>8.90</PRICE>
    <YEAR>1988</YEAR>
</CD>
<CD>
    <TITLE>Bridge of Spies</TITLE>
    <ARTIST>T'Pau</ARTIST>
    <COUNTRY>UK</COUNTRY>
    <COMPANY>Siren</COMPANY>
    <PRICE>7.90</PRICE>
    <YEAR>1987</YEAR>
</CD>
<CD>
    <TITLE>Private Dancer</TITLE>
    <ARTIST>Tina Turner</ARTIST>
    <COUNTRY>UK</COUNTRY>
    <COMPANY>Capitol</COMPANY>
    <PRICE>8.90</PRICE>
    <YEAR>1983</YEAR>
```

```xml
    </CD>
    <CD>
        <TITLE>Midt om natten</TITLE>
        <ARTIST>Kim Larsen</ARTIST>
        <COUNTRY>EU</COUNTRY>
        <COMPANY>Medley</COMPANY>
        <PRICE>7.80</PRICE>
        <YEAR>1983</YEAR>
    </CD>
    <CD>
        <TITLE>Pavarotti Gala Concert</TITLE>
        <ARTIST>Luciano Pavarotti</ARTIST>
        <COUNTRY>UK</COUNTRY>
        <COMPANY>DECCA</COMPANY>
        <PRICE>9.90</PRICE>
        <YEAR>1991</YEAR>
    </CD>
    <CD>
        <TITLE>The dock of the bay</TITLE>
        <ARTIST>Otis Redding</ARTIST>
        <COUNTRY>USA</COUNTRY>
        <COMPANY>Atlantic</COMPANY>
        <PRICE>7.90</PRICE>
        <YEAR>1987</YEAR>
    </CD>
    <CD>
        <TITLE>Picture book</TITLE>
        <ARTIST>Simply Red</ARTIST>
        <COUNTRY>EU</COUNTRY>
        <COMPANY>Elektra</COMPANY>
        <PRICE>7.20</PRICE>
        <YEAR>1985</YEAR>
    </CD>
    <CD>
        <TITLE>Red</TITLE>
        <ARTIST>The Communards</ARTIST>
        <COUNTRY>UK</COUNTRY>
        <COMPANY>London</COMPANY>
        <PRICE>7.80</PRICE>
```

```
            <YEAR>1987</YEAR>
        </CD>
        <CD>
            <TITLE>Unchain my heart</TITLE>
            <ARTIST>Joe Cocker</ARTIST>
            <COUNTRY>USA</COUNTRY>
            <COMPANY>EMI</COMPANY>
            <PRICE>8.20</PRICE>
            <YEAR>1987</YEAR>
        </CD>
</CATALOG>
```

3. JavaScript 文件

这是存储在 selectcd.js 文件中的 JavaScript 代码：

```
var xmlHttp
function showCD(str)
{
    xmlHttp=GetXmlHttpObject()
    if(xmlHttp==null)
    {
        alert("浏览器不支持 HTTP 请求")
        return
    }
    var url="getcd.php?q="+str+"&sid="+Math.random()
    xmlHttp.onreadystatechange=stateChanged
    xmlHttp.open("GET", url, true)
    xmlHttp.send(null)
}
function stateChanged()
{
    if(xmlHttp.readyState==4 || xmlHttp.readyState=="complete")
        document.getElementById("txtHint").innerHTML=xmlHttp.responseText
}
function GetXmlHttpObject()
{
    var xmlHttp=null;
    try
    {
        //Firefox, Opera8.0+, Safari
```

```
      xmlHttp=new XMLHttpRequest();
    }
    catch(e)
    {
      //Internet Explorer
      try
      {
        xmlHttp=new ActiveXObject("Msxml2.XMLHTTP");
      }
      catch(e)
      {
        xmlHttp=new ActiveXObject("Microsoft.XMLHTTP");
      }
    }
    return xmlHttp;
}
```

假如选择了下拉列表中的某个项目,则 showCD()函数执行:

(1)调用 GetXmlHttpObject 函数来创建 XMLHTTP 对象;
(2)定义发送到服务器的 URL(文件名);
(3)向 URL 添加带有下拉列表内容的参数 q;
(4)添加一个随机数,以防服务器使用缓存的文件;
(5)当触发事件时调用 stateChanged;
(6)通过给定的 URL 打开 XMLHTTP 对象;
(7)向服务器发送 HTTP 请求。

4. PHP 文件

这个被 JavaScript 调用的服务器页面,是一个名为 **getcd.php** 的简单 PHP 文件,这张页面是用 PHP 编写的,使用 XML DOM 来加载 XML 文档 cd_catalog.xml,代码运行针对 XML 文件的查询,并以 HTML 返回结果:

```
<?php
  $q=$_GET["q"];
  $xmlDoc=new DOMDocument();
  $xmlDoc->load("cd_catalog.xml");
  $x=$xmlDoc->getElementsByTagName('ARTIST');
  for($i=0;$i<=$x->length-1;$i++)
  {
    if($x->item($i)->childNodes->item(0)->nodeValue==$q)
    {
```

```php
        $y=$x->item($i)->parentNode;
        break;
      }
    }//for

    $cd=$y->childNodes;
    for($i=0;$i<$cd->length;$i++)
    {
      if($cd->item($i)->nodeType==1)
      {
        echo $cd->item($i)->nodeName.": ";
        echo $cd->item($i)->childNodes->item(0)->nodeValue."<br/>";
      }//if
    }//for
?>
```

当请求从 JavaScript 发送到 PHP 页面时，发生：

（1）PHP 创建 cd_catalog.xml 文件的 XML DOM 对象；
（2）循环所有 artist 元素（nodetypes=1），查找与 JavaScript 所传数据相匹配的名字；
（3）找到 CD 包含的正确 artist；
（4）输出 album 信息，并发送到 txtHint 占位符。

假设 URL 为 http://localhost/getcd.php?q=Bob Dylan，执行$x=$xmlDoc->getElementsByTagName('ARTIST')后，$x 为元素集对象：

<ARTIST>Bob Dylan</ARTIST>
<ARTIST>Bonnie Tyler</ARTIST>
<ARTIST>Dolly Parton</ARTIST>
……

$x->item（0）就是第一元素对象，就是<ARTIST>Bob Dylan</ARTIST>所在的对象，$x->item（0）->childNodes 就是第一元素对象的孩子节点集合对象，这里只有一个孩子节点，就是 Bob Dylan 所在的孩子节点对象，$x->item（0）->childNodes->item（0）就是 Bob Dylan 所在的孩子节点对象（只有一个 childNode 对象），$x->item（0）->childNodes->item（0）->nodeValue 就是 Bob Dylan（值）。$x->item（0）->parentNode 就是<ARTIST>Bob Dylan</ARTIST>所在元素对象的父对象，执行$y=$x->item（$i）->parentNode; 后，$y 就是表示（引用，相当于指针）：

```xml
<CD>
    <TITLE>Empire Burlesque</TITLE>
    <ARTIST>Bob Dylan</ARTIST>
    <COUNTRY>USA</COUNTRY>
    <COMPANY>Columbia</COMPANY>
```

```
        <PRICE>10.90</PRICE>
        <YEAR>1985</YEAR>
</CD>
```

$y->childNodes,即$cd 就是:

```
<TITLE>Empire Burlesque</TITLE>
<ARTIST>Bob Dylan</ARTIST>
<COUNTRY>USA</COUNTRY>
<COMPANY>Columbia</COMPANY>
<PRICE>10.90</PRICE>
<YEAR>1985</YEAR>
```

由于$cd 中各元素（nodeType 等于 1）之间存在空元素#text，其 nodeType 等于 3，所以 if($cd->item($i)->nodeType==1)不能少！$cd->item(0)为<TITLE>Empire Burlesque</TITLE>，$cd->item（0）->nodeName 为 TITLE，$cd->item（0）->childNodes 为 Empire Burlesque（只有 1 个孩子节点对象），$cd->item（$i）->childNodes->item（0）也为 Empire Burlesque（第 1 个孩子节点对象），$cd->item（$i）->childNodes->item（0）->nodeValue 也为 Empire Burlesque（值）。

6.5 AJAX MySQL 数据库实例

AJAX 可用来与数据库进行交互式通信，在下面的 AJAX 实例中，我们将演示网页如何使用 AJAX 技术从 MySQL 数据库中读取信息。

此例由四个元素组成：

（1）MySQL 数据库；
（2）简单的 HTML 表单；
（3）JavaScript；
（4）PHP 页面。

1. MySQL 数据库

将在本例中使用的数据库看起来类似这样（见表 1-6-1）：

表 1-6-1 数 据 表

id	FirstName	LastName	Age	Hometown	Job
1	Peter	Griffin	41	Quahog	Brewery
2	Lois	Griffin	40	Newport	Piano Teacher
3	Joseph	Swanson	39	Quahog	Police Officer
4	Glenn	Quagmire	41	Quahog	Pilot

SQL 脚本：

create database **ajax_demo**;

use ajax_demo;

create table **user**

(

 id int,

 firstname char(6),

 lastname char(8),

 age int,

 hometown char(7),

 job char(13)

);

insert into user values(1, "peter", "griffin", 41, "quahog", "brewery");

insert into user values(2, "Lois", "Griffin", 40, "Newport", "Piano Teacher");

insert into user values(3, "Joseph", "Swanson", 39, "Quahog", "Police Officer");

insert into user values(4, "Glenn", "Quagmire", 41, "Quahog", "Pilot");

select * from user;

2. 简单的 HTML 表单

上面的例子包含了一个简单的 HTML 表单，以及指向 JavaScript 的链接（见图 1-6-4）：

```html
<html>
  <head>
    <script src="selectuser.js"></script>
  </head>
  <body>
    <form>
      Select a User:
      <select name="users" onchange="showUser(this.value)">
        <option value="1">Peter Griffin</option>
        <option value="2">Lois Griffin</option>
        <option value="3">Glenn Quagmire</option>
        <option value="4">Joseph Swanson</option>
      </select>
    </form>
    <p>
      <div id="txtHint"><b>User info will be listed here.</b></div>
    </p>
  </body>
</html>
```

在下拉列表中选择一个名字: Peter Griffin

在此列出用户信息。

图 1-6-4 HTML 页面

正如所看到的，它仅仅是一个简单的 HTML 表单，其中带有名为 users 的下拉列表，这个列表包含了姓名以及与数据库 id 对应的选项值，表单下面的段落包含了名为 txtHint 的 div，这个 div 用作从 Web 服务器检索到的信息的占位符，当用户选择数据时，执行名为 showUser() 的函数。该函数的执行由 onchange 事件触发，换句话说，每当用户改变下拉列表中的值，就会调用 showUser() 函数。

3. JavaScript

这是存储在 selectuser.js 文件中的 JavaScript 代码：

```
var xmlHttp
function showUser(str)
{
  xmlHttp=GetXmlHttpObject()
  if(xmlHttp==null)
  {
    alert("浏览器不支持 HTTP 请求")
    return
  }//if
  var url="getuser.php?q="+str+"&sid="+Math.random()
  xmlHttp.onreadystatechange=stateChanged
  xmlHttp.open("GET", url, true)
  xmlHttp.send(null)
}//showUser
function stateChanged()
{
  if(xmlHttp.readyState==4 || xmlHttp.readyState=="complete")
    document.getElementById("txtHint").innerHTML=xmlHttp.responseText
}//stateChanged
function GetXmlHttpObject()
{
  var xmlHttp=null;
  try
  {
    xmlHttp=new XMLHttpRequest();
  }
```

```
    catch(e)
    {
      try
      {
        xmlHttp=new ActiveXObject("Msxml2.XMLHTTP");
      }
      catch(e)
      {
        xmlHttp=new ActiveXObject("Microsoft.XMLHTTP");
      }
    }
    return xmlHttp;
}//GetXmlHttpObject
```

假如下拉列表中的项目被选择，showUser()函数执行：

（1）调用 GetXmlHttpObject 函数来创建 XMLHTTP 对象；
（2）定义发送到服务器的 URL（文件名）；
（3）向 URL 添加带有下拉列表内容的参数 q；
（4）添加一个随机数，以防服务器使用缓存的文件；
（5）当触发事件时调用 stateChanged；
（6）通过给定的 URL 打开 XMLHTTP 对象；
（7）向服务器发送 HTTP 请求。

4. PHP 页面

由 JavaScript 调用的服务器页面，是名为 getuser.php 的简单 PHP 文件，该页面用 PHP 编写，并使用 MySQL 数据库，其中的代码执行针对数据库的 SQL 查询，并以 HTML 表格返回结果：

```
<?php
    $q=$_GET["q"];
    $con=mysql_connect('localhost', 'root', '') or die('不能连接数据库：'.mysql_error());
    mysql_select_db("ajax_demo", $con);
    $sql="SELECT * FROM user WHERE id='".$q."'";
    $result=mysql_query($sql);
    echo "<table border='1'>
            <tr>
                <th>Firstname</th>
                <th>Lastname</th>
                <th>Age</th>
                <th>Hometown</th>
                <th>Job</th>
```

```
            </tr>";
    while($row=mysql_fetch_array($result))
    {
        echo "<tr>
                <td>$row[FirstName]</td>
                <td>$row[LastName]</td>
                <td>$row[Age]</td>
                <td>$row[Hometown]</td>
                <td>$row[Job]</td>
            </tr>";
    }
    echo "</table>";
    mysql_close($con);
?>
```

当查询从 JavaScript 被发送到这个 PHP 页面，会发生：

（1）PHP 打开到达 MySQL 服务器的连接；

（2）找到拥有指定姓名的 user；

（3）创建表格，插入数据，然后将其发送到 txtHint 占位符。

6.6 ResponseXML 实例

在这个 AJAX 实例中，我们将演示网页如何从 MySQL 数据库中读取信息，把数据转换为 XML 文档，并在不同的地方使用这个文档来显示信息，本例与上一节中的"AJAX MySQL 数据库实例"这个例子很相似，不过有一个很大的不同：在本例中，是通过使用 responseXML 从 PHP 页面得到的是 XML 形式的数据，把 XML 文档作为响应来接收，使其有能力更新页面的多个位置，而不仅仅是接收一个 PHP 输出并显示出来，在本例中，我们将使用从数据库接收到的信息来更新多个<span>元素。

此例由四个元素组成：

（1）MySQL 数据库；

（2）简单的 HTML 表单；

（3）JavaScript；

（4）PHP 页面。

1. MySQL 数据库

将在本例中使用的数据库如表 1-6-1 所示。

根据上面的表结构和数据，可以写出下面的 SQL 脚本，完成建库、建表和装入测试数据的任务，具体操作如下：点击任务栏右下角的"▉"，直到"▉ MySQL console"回车，然后复制粘贴脚本执行即可。

```sql
create database ajax_demo;
use ajax_demo;
create table user
(
    id int,
    firstname char(6),
    lastname char(8),
    age int,
    hometown char(7),
    job char(13)
);
insert into user values(1, "peter", "griffin", 41, "quahog", "brewery");
insert into user values(2, "Lois", "Griffin", 40, "Newport", "Piano Teacher");
insert into user values(3, "Joseph", "Swanson", 39, "Quahog", "Police Officer");
insert into user values(4, "Glenn", "Quagmire", 41, "Quahog", "Pilot");
select * from user;
```

2. 简单的 HTML 表单

上面的例子包含了一个简单的 HTML 表单以及指向 JavaScript 的链接（见图 1-6-5）：

```html
<html>
  <head>
    <script src="responsexml.js"></script>
  </head>
  <body>
    <form>
      在下拉列表中选择一个名字：<br>
        <select name="users" onchange="showUser(this.value)">
          <option value="1">Peter Griffin</option>
          <option value="2">Lois Griffin</option>
          <option value="3">Glenn Quagmire</option>
          <option value="4">Joseph Swanson</option>
        </select>
    </form>
    <h2>
      <span id="firstname"></span> 
      <span id="lastname"></span>
    </h2>
    <span id="job"></span>
    <div style="text-align:right">
```

```
        <span id="age_text"></span>
        <span id="age"></span>
        <span id="hometown_text"></span>
        <span id="hometown"></span>
     </div>
  </body>
</html>
```

图 1-6-5 HTML 页面

HTML 表单是一个下拉列表，其 name 属性的值是 users，可选项的值与数据库的 id 字段相对应。表单下面有几个 <span> 元素，它们用作我们所接收到的不同值的占位符，这里采用 Ajax 异步刷新技术。当用户选择了具体的选项，函数 showUser() 就会执行，该函数的执行由 onchange 事件触发。换句话说，每当用户在下拉列表中改变了值，函数 showUser() 就会执行，并在指定的 <span> 元素中输出结果，为了方便起见，建议用 index.php 文件名，运行时，只需要点击 " Localhost " 即可，编辑时，只需点击 " www directory " 即可。

3. JavaScript

这是存储在文件"responsexml.js"中的 JavaScript 代码：

```
var xmlHttp
function showUser(str)
{
  xmlHttp=GetXmlHttpObject()
  if(xmlHttp==null)
  {
    alert("浏览器不支持 HTTP 请求")
    return
  }//if
  var url="responsexml.php?q="+str+"&sid="+Math.random()
  xmlHttp.onreadystatechange=stateChanged
  xmlHttp.open("GET", url, true)
  xmlHttp.send(null)
}//showUser
function stateChanged()
{
```

```
    if(xmlHttp.readyState==4 || xmlHttp.readyState=="complete")
    {
      xmlDoc=xmlHttp.responseXML;
      document.getElementById("firstname").innerHTML=
        xmlDoc.getElementsByTagName("firstname")[0].childNodes[0].nodeValue;
      document.getElementById("lastname").innerHTML=
        xmlDoc.getElementsByTagName("lastname")[0].childNodes[0].nodeValue;
      document.getElementById("job").innerHTML=
        xmlDoc.getElementsByTagName("job")[0].childNodes[0].nodeValue;
      document.getElementById("age_text").innerHTML="年龄：";
      document.getElementById("age").innerHTML=
        xmlDoc.getElementsByTagName("age")[0].childNodes[0].nodeValue;
      document.getElementById("hometown_text").innerHTML="<br/>来自：";
      document.getElementById("hometown").innerHTML=
        xmlDoc.getElementsByTagName("hometown")[0].childNodes[0].nodeValue;
    }///if
}//stateChanged
function GetXmlHttpObject()
{
  var objXMLHttp=null
  if(window.XMLHttpRequest)
    objXMLHttp=new XMLHttpRequest()
  else if(window.ActiveXObject)
    objXMLHttp=new ActiveXObject("Microsoft.XMLHTTP")
  return objXMLHttp
}///GetXmlHttpObject
```

如果选择了下拉列表中的项目，stateChanged()函数执行：

（1）通过使用 responseXML，把 xmlDoc 变量定义为一个 XML 文档；

（2）从这个 XML 文档中取回数据，把它们放在正确的 span 元素中。

4. PHP 页面

这个由 JavaScript 调用的服务器页面，是一个名为"responsexml.php"的 PHP 文件，该页面由 PHP 编写，并使用 MySQL 数据库，代码会运行一段针对数据库的 SQL 查询，并以 XML 文档返回结果：

```php
<?php
  header('Content-Type:text/xml');
  header("Cache-Control:no-cache，must-revalidate");
  header("Expires:Mon，26 Jul 1997 05:00:00 GMT");
  $q=$_GET["q"];
```

```php
$con=mysql_connect('localhost', 'root', '') or die('不能连接数据库:'.mysql_error());
mysql_select_db("ajax_demo", $con);
$sql="SELECT * FROM user WHERE id=$q";
$result=mysql_query($sql);
echo '<?xml version="1.0" encoding="ISO-8859-1"?>';
echo '<person>';
while($row=mysql_fetch_array($result))
{
   echo "<firstname>$row[FirstName]</firstname>
        <lastname>$row[LastName]</lastname>
        <age>$row[Age]</age>
        <hometown>$row[Hometown]</hometown>
        <job>$row[Job]</job>";
}
echo "</person>";
mysql_close($con);
?>
```

当查询从 JavaScript 送达 PHP 页面时，会发生：

（1）PHP 文档的 content-type 被设置为 "text/xml"；

（2）PHP 文档被设置为 "no-cache"，以防止缓存，相当于前面发送一个随机数，但这样就"无法查看 XML 源文件。"；

（3）用 HTML 页面送来的数据设置$q 变量；

（4）PHP 打开与 MySQL 服务器的连接；

（5）找到带有指定 id 的 user；

（6）以 XML 文档输出数据。

XML 文档输出数据是 JavaScript 输入，是中间数据，若想了解它，可以通过 "http://localhost/responsexml.php?q=1&sid=1" 来获取，通过这种方式，还可以调试 responsexml.php 页面，否则，一旦 responsexml.php 有问题，JavaScript 没有任何响应，感觉 responsexml.php 没有起作用一样，调试难度大，在 responsexml.php 中 echo，用户也看不见结果，XML 文档输出数据示例如下：

```xml
<?xml version="1.0" encoding="ISO-8859-1" ?>
<person>
   <firstname>Peter</firstname>
   <lastname>Griffin</lastname>
   <age>41</age>
   <hometown>Quahog</hometown>
   <job>Brewery</job>
</person>
```

思考：若不采用 Ajax 技术，又如何实现呢？

6.7 Live Search

AJAX 可为用户提供更友好、交互性更强的搜索体验，在下面的 AJAX 例子中，将演示一个实时搜索，实时搜索与传统搜索相比，具有很多优势：

（1）当键入数据时，就会显示出匹配的结果；
（2）当继续键入数据时，对结果进行过滤；
（3）如果结果太少，删除字符就可以获得更宽的范围。

本例包括四个元素：
（1）简单的 HTML 表单；
（2）JavaScript；
（3）PHP 页面；
（4）XML 文档。

在本例中，结果在一个 XML 文档（links.xml）中进行查找，为了让这个例子小而简单，我们只提供 8 个结果。

```xml
<?xml version="1.0" encoding="ISO-8859-1"?>
<pages>
  <link>
    <title>HTML DOM alt Property</title>
    <url>http://www.w3school.com.cn/htmldom/prop_img_alt.asp</url>
  </link>
  <link>
    <title>HTML DOM height Property</title>
    <url>http://www.w3school.com.cn/htmldom/prop_img_height.asp</url>
  </link>
  <link>
    <title>HTML a tag</title>
    <url>http://www.w3school.com.cn/tags/tag_a.asp</url>
  </link>
  <link>
    <title>HTML br tag</title>
    <url>http://www.w3school.com.cn/tags/tag_br.asp</url>
  </link>
  <link>
    <title>CSS background Property</title>
    <url>http://www.w3school.com.cn/css/pr_background.asp</url>
  </link>
  <link>
```

```
      <title>CSS border Property</title>
      <url>http://www.w3school.com.cn/css/pr_border.asp</url>
    </link>
    <link>
      <title>JavaScript Date() Method</title>
      <url>http://www.w3school.com.cn/jsref/jsref_date.asp</url>
    </link>
    <link>
      <title>JavaScript anchor() Method</title>
      <url>http://www.w3school.com.cn/jsref/jsref_anchor.asp</url>
    </link>
  </pages>
```

1. HTML 表单

这是 HTML 页面，它包含一个简单的 HTML 表单，针对此表单的 CSS 样式，以及指向 JavaScript 的链接（见图 1-6-6）：

```
<html>
  <head>
    <script src="livesearch.js"></script>
    <style type="text/css">
      #livesearch
      {
        margin:0px;
        width:194px;
      }
      #txt1
      {
        margin:0px;
      }
    </style>
  </head>
  <body>
    <form>
      <input type="text" id="txt1" size="30" onkeyup="showResult(this.value)">
      <div id="livesearch"></div>
    </form>
  </body>
</html>
```

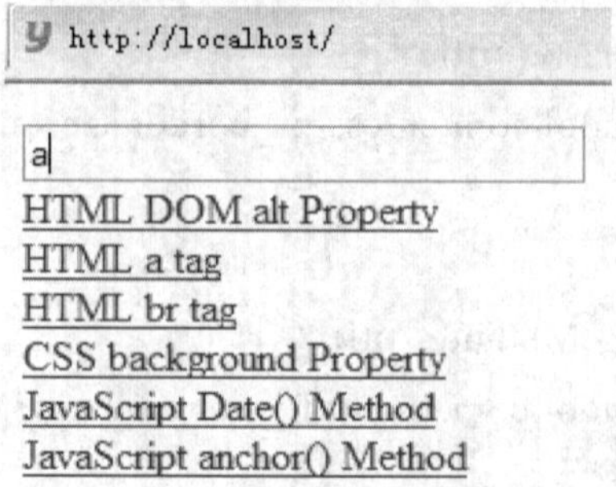

图 1-6-6 HTML 页面

正如你看到的，HTML 页面包含一个简单的 HTML 表单，其中的文本框名为 txt1，当用户在文本框中按键并松开按键时，会触发一个事件，当事件触发时，会执行名为 showResult()的函数，表单下面是名为 livesearch 的<div>元素，它用作 showResult()所返回数据的占位符。

2. JavaScript

JavaScript 代码存储在与 HTML 文档连接的"livesearch.js"中：

```javascript
var xmlHttp
function showResult(str)
{
   if(str.length==0)
   {
     document.getElementById("livesearch").innerHTML="";
     document.getElementById("livesearch").style.border="0px";
     return
   }//if
   xmlHttp=GetXmlHttpObject()
   if(xmlHttp==null)
   {
     alert("浏览器不支持 HTTP 请求")
     return
   }//if
   var url="livesearch.php?q="+str+"&sid="+Math.random()
   xmlHttp.onreadystatechange=stateChanged
   xmlHttp.open("GET", url, true)
   xmlHttp.send(null)
}//showResult
function stateChanged()
{
   if(xmlHttp.readyState==4||xmlHttp.readyState=="complete")
```

```
        {
            document.getElementById("livesearch").innerHTML=xmlHttp.responseText;
            document.getElementById("livesearch").style.border="1 px solid #A5ACB2";
        }//if
    }//stateChanged
    function GetXmlHttpObject()
    {
        var xmlHttp=null;
        try
        {
            xmlHttp=new XMLHttpRequest();
        }
        catch(e)
        {
            try
            {
                xmlHttp=new ActiveXObject("Msxml2.XMLHTTP");
            }
            catch(e)
            {
                xmlHttp=new ActiveXObject("Microsoft.XMLHTTP");
            }
        }
        return xmlHttp;
    }//GetXmlHttpObject
```

每当一个字符输入文本框就会执行一次 showResult()函数，如果文本域中没有输入（str.length==0），该函数把返回字段设置为空，并删除周围的任何边框，如果文本域中存在输入，则函数执行：

（1）定义发送到服务器的 url（文件名）。

（2）把带有输入框内容的参数 q 添加到 url。

（3）添加一个随机数，以防止服务器使用缓存文件。

（4）调用 GetXmlHttpObject 函数来创建 XMLHTTP 对象，并在触发一个变化时告知此函数执行名为 stateChanged 的一个函数。

（5）使用给定的 url 来打开 XMLHTTP 对象。

（6）向服务器发送 HTTP 请求。

每当 XMLHTTP 对象的状态发生变化时，stateChanged()函数就会执行，当状态变为 4(或 complete）时，就会使用响应文本来填充 txtHint 占位符的内容，并在返回字段周围设置一个边框。

3. PHP 页面

由 JavaScript 代码调用的服务器页面是名为 livesearch.php 的 PHP 文件，livesearch.php 中的代码检查那个 XML 文档 links.xml，该文档是 w3school.com.cn 上的一些页面标题和 URL，这些代码会搜索 XML 文件中匹配搜索字符串的标题，并以 HTML 返回结果：

```php
<?php
    $xmlDoc=new DOMDocument();
    $xmlDoc->load("links.xml");
    $x=$xmlDoc->getElementsByTagName('link');
    $q=$_GET["q"];
    if(strlen($q)>0)
    {
      $hint="";
      for($i=0;$i<$x->length;$i++)
      {
        $y=$x->item($i)->getElementsByTagName('title');
        $z=$x->item($i)->getElementsByTagName('url');
        if(stristr($y->item(0)->childNodes->item(0)->nodeValue，$q))
        {
          if($hint=="")
            $hint="<a href={$z->item(0)->childNodes->item(0)->nodeValue} target=_blank>{$y->item(0)->childNodes->item(0)->nodeValue}</a>";
          else
            $hint.="<br/><a href={$z->item(0)->childNodes->item(0)->nodeValue} target=_blank>{$y->item(0)->childNodes->item(0)->nodeValue}</a>";
        }//if
      }//for
    }//if
    if($hint=="")
      $response="no suggestion";
    else
      $response=$hint;
    echo $response;
?>
```

如果从 JavaScript 送来了任何文本（strlen($q)>0），那么：

（1）PHP 创建 links.xml 文件的一个 XMLDOM 对象。

（2）遍历所有 title 元素（nodetypes=1），以便找到匹配 JavaScript 所传数据的 name。

（3）找到包含正确 title 的 link，并设置为 $response 变量，如果找到多于一个匹配，所有的匹配都会添加到变量。

(4) 如果没有找到匹配,则把$response 变量设置为 "no suggestion"。

(5) $result 是送往 livesearch 占位符的输出。

6.8 RSS 阅读器

RSS 阅读器用于阅读 RSSFeed,RSS 允许对新闻和更新进行快速浏览,在下面的 AJAX 实例中,我们将演示一个 RSS 阅读器,通过它,来自 RSS 的内容在不进行刷新的情况下载入网页,本例包括三个元素:

(1) 简单的 HTML 表单;

(2) JavaScript;

(3) PHP 页面。

1. 简单的 HTML 表单

这是 HTML 页面,它包含一个简单的 HTML 表单和执行一个 JavaScript 文件的链接(见图 1-6-7):

```
<html>
  <head>
    <script type="text/javascript" src="getrss.js"></script>
  </head>
  <body>
    <form>
      在下面的列表框中选择一个 RSS 新闻订阅:
        <select onchange="showRSS(this.value)">
          <option value="Google">Google News</option>
          <option value="MSNBC">MSNBC News</option>
        </select>
    </form>
    <p><div id="rssOutput">
    <b>在此列出 RSSFeed。</b></div></p>
  </body>
</html>
```

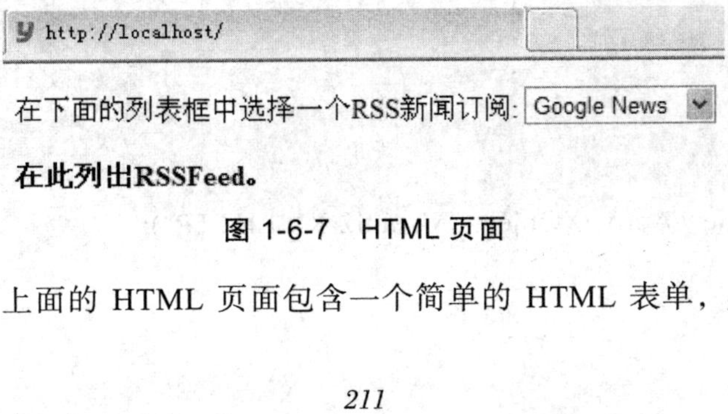

图 1-6-7 HTML 页面

正如所看到的,上面的 HTML 页面包含一个简单的 HTML 表单,其中带有一个下拉列表框，当用户选择下拉框中的选项时，会触发一个事件，当事件触发时，执行 showRSS()函数，表单下面是名为 rssOutput 的一个<div>，它用作 showRSS()函数所返回的数据的占位符。

2. JavaScript

JavaScript 代码存储在 getrss.js 中，它与 HTML 文档相连接：

```
var xmlHttp
function showRSS(str)
{
   xmlHttp=GetXmlHttpObject()
   if(xmlHttp==null)
   {
      alert("浏览器不支持 HTTP 请求")
      return
   }
   var url="getrss.php?q="+str+"&sid="+Math.random()
   xmlHttp.onreadystatechange=stateChanged
   xmlHttp.open("GET", url, true)
   xmlHttp.send(null)
}//showRSS
function stateChanged()
{
   if(xmlHttp.readyState==4 || xmlHttp.readyState=="complete")
      document.getElementById("rssOutput").innerHTML=xmlHttp.responseText
}//stateChanged
function GetXmlHttpObject()
{
   var xmlHttp=null;
   try
   {
      xmlHttp=new XMLHttpRequest();
   }
   catch(e)
   {
      try
      {
         xmlHttp=new ActiveXObject("Msxml2.XMLHTTP");
      }
      catch(e)
```

```
    {
        xmlHttp=new ActiveXObject("Microsoft.XMLHTTP");
    }
}
return xmlHttp;
}//GetXmlHttpObject
```

每当在下拉框中选择选择时，showRSS()函数就会执行：
（1）定义发送到服务器的 url（文件名）。
（2）把参数 q 添加到 url，参数内容是下拉框中的被选项。
（3）添加一个随机数，以防止服务器缓存文件。
（4）调用 GetXmlHttpObject 函数来创建 XMLHTTP 对象，并告知该对象在触发一个改变时去执行 stateChanged 函数。
（5）通过给定的 url 来打开 XMLHTTP。
（6）把 HTTP 请求发动到服务器。

3. PHP 页面

调用 JavaScript 代码的服务器页面是名为 getrss.php 的 PHP 文件：

```
<?php
    $q=$_GET["q"];
    if($q=="Google")
        $xml=("http://news.google.com/news?ned=us&topic=h&output=rss");
    else if($q=="MSNBC")
        $xml=("http://rss.msnbc.msn.com/id/3032091/device/rss/rss.xml");
    $xmlDoc=new DOMDocument();
    $xmlDoc->load($xml);
    $channel=$xmlDoc->getElementsByTagName('channel')->item(0);
    $channel_title=$channel->getElementsByTagName('title')->item(0)->childNodes->item(0)->nodeValue;
    $channel_link=$channel->getElementsByTagName('link')->item(0)->childNodes->item(0)->nodeValue;
    $channel_desc=$channel->getElementsByTagName('description')->item(0)->childNodes->item(0)->nodeValue;
    echo "<p><a href=$channel_link>$channel_title</a><br/>$channel_desc</p>";
    $x=$xmlDoc->getElementsByTagName('item');
    for($i=0;$i<=2;$i++)
    {
        $item_title=$x->item($i)->getElementsByTagName('title')->item(0)->childNodes->item(0)->nodeValue;
        $item_link=$x->item($i)->getElementsByTagName('link')->item(0)->childNodes->item(0)->nodeValue;
        $item_desc=$x->item($i)->getElementsByTagName('description')->item(0)->childNodes->item(0)->nodeValue;
```

```
    echo "<p><a href=$item_link>$item_title</a><br/>$item_desc</p>";
  }//for
?>
```

当一个选项从 JavaScript 发送时，会发生：
（1）PHP 找出哪个 RSSfeed 被选中；
（2）为选中的 RSS feed 创建 XMLDOM 对象；
（3）找到并输出来自 RSS 频道的元素；
（4）遍历前三个 RSS 项目中的元素，并进行输出。

6.9　AJAX 投票

在这个 AJAX 实例中，将演示一个投票程序，网页在不重新加载的情况下，就可以获得结果。

本例包括四个元素：
（1）HTML 表单；
（2）JavaScript；
（3）PHP 页面；
（4）存放结果的文本文件。

1. HTML 表单

这是 HTML 页面，它包含一个简单的 HTML 表单以及一个与 JavaScript 文件的连接（见图 1-6-8）：

```
<html>
  <head>
    <script src="poll.js"></script>
  </head>
  <body>
    <div id="poll">
      <h2>到目前为止，你喜欢 PHP 和 AJXA 吗?</h2>
      <form>
        Yes:
          <input type="radio" name="vote" value="0" onclick="getVote(this.value)">
          <br/>
        No:
          <input type="radio" name="vote" value="1" onclick="getVote(this.value)">
      </form>
    </div>
  </body>
</html>
```

> http://localhost/

到目前为止，你喜欢PHP和AJXA吗？

Yes: ○
No: ○

图 1-6-8　HTML 页面

正如所看到的，上面的 HTML 页面包含一个简单的 HTML 表单，其中的<div>元素带有两个单选按钮，当用户选择 yes 或 no 时，会触发一个事件，当事件触发时，执行 getVote() 函数，围绕该表单的是名为 poll 的<div>，当数据从 getVote()函数返回时，返回的数据会替代该表单。

2. 存放结果的文本文件

文本文件 poll_result.txt 中存储来自投票程序的数据，它类似 "0||0"，第一个数字表示 Yes 投票数，第二个数字表示 No 投票数。

注意：记得只允许你的 Web 服务器来编辑该文本文件，不要让其他人获得访问权，除了 Web 服务器（PHP）。

3. JavaScript

JavaScript 代码存储在 poll.js 中，并与 HTML 文档相连接：

```
var xmlHttp
function getVote(int)
{
   xmlHttp=GetXmlHttpObject()
   if(xmlHttp==null)
   {
      alert("浏览器不支持 HTTP 请求")
      return
   }
   var url="poll_vote.php?vote="+int+"&sid="+Math.random()
   xmlHttp.onreadystatechange=stateChanged
   xmlHttp.open("GET", url, true)
   xmlHttp.send(null)
}//getVote
function stateChanged()
{
   if(xmlHttp.readyState==4 || xmlHttp.readyState=="complete")
      document.getElementById("poll").innerHTML=xmlHttp.responseText;
}//stateChanged
function GetXmlHttpObject()
```

```
{
    var objXMLHttp=null
    if(window.XMLHttpRequest)
       objXMLHttp=new XMLHttpRequest()
    else if(window.ActiveXObject)
       objXMLHttp=newActiveXObject("Microsoft.XMLHTTP")
    return objXMLHttp
}//GetXmlHttpObject
```

当用户在 HTML 表单中选择 yes 或 no 时，getVote()函数就会执行：

（1）定义发送到服务器的 url（文件名）；

（2）向 url 添加参数 vote，参数中带有输入字段的内容；

（3）添加一个随机数，以防止服务器使用缓存的文件；

（4）调用 GetXmlHttpObject 函数来创建 XMLHTTP 对象，并告知该对象当触发一个变化时执行 stateChanged 函数；

（5）用给定的 url 来打开 XMLHTTP 对象；

（6）向服务器发送 HTTP 请求。

4. PHP 页面

由 JavaScript 代码调用的服务器页面是名为 poll_vote.php 的一个简单的 PHP 文件：

```
<?php
    $vote=$_REQUEST['vote'];
    $filename="poll_result.txt";
    $content=file($filename);
    $array=explode("||", $content[0]);
    $yes=$array[0];
    $no=$array[1];
    if($vote==0)
       $yes=$yes+1;
    if($vote==1)
       $no=$no+1;
    $insertvote="$yes||$no";
    $fp=fopen($filename, "w");
    fputs($fp, $insertvote);
    fclose($fp);
?>
<h2>投票结果：</h2>
<table>
    <tr>
       <td>Yes: </td>
```

```
        <td>
            <img src="logo_i.gif" width='<?php echo (100*round($yes/($no+$yes),2));?>' height='20'>
            <?php echo (100*round($yes/($no+$yes),2));?>%
        </td>
    </tr>
    <tr>
        <td>No:</td>
        <td>
            <img src="logo_i.gif" width='<?php echo(100*round($no/($no+$yes),2));?>' height='20'>
            <?php echo (100*round($no/($no+$yes),2));?>%
        </td>
    </tr>
</table>
```

所选的值从 JavaScript 传来，然后获取 poll_result.txt 文件的内容，把文件内容放入变量，并向被选变量累加 1，把结果写入 poll_result.txt 文件，输出图形化的投票结果，如图 1-6-9 所示。

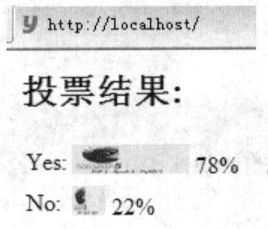

图 1-6-9　图形化的投票结果

6.10　习　题

一、选择题

1. 我们可以在下列哪个 HTML 元素中放置 Javascript 代码？（　　）

A. <script>

B. <javascript>

C. <js>

D. <scripting>

2. 写"Hello World"的正确 Javascript 语法是（　　）。

A. （"Hello World"）

B. "Hello World"

C. response.write（"Hello World"）

D. document.write（"Hello World"）

3. 插入 Javacript 的正确位置是（　　）。

A. <body> 部分

B. <head> 部分

C. <body> 部分和 <head> 部分均可

4. 引用名为"xxx.js"的外部脚本的正确语法是（　　）。

A. <script src="xxx.js">

B. <script href="xxx.js">

C. <script name="xxx.js">

5. 外部脚本必须包含<script>标签吗？（　　）

A. 是

B. 否

6. 如何在警告框中写入"Hello World"？（　　）

A. alertBox="Hello World"

B. msgBox（"Hello World"）

C. alert（"Hello World"）

D. alertBox（"Hello World"）

7. 如何创建函数？（　　）

A. function:myFunction()

B. function myFunction()

C. function=myFunction()

8. 如何调用名为"myFunction"的函数？（　　）

A. call function myFunction

B. call myFunction()

C. myFunction()

9. 如何编写当 i 等于 5 时执行一些语句的条件语句？（　　）

A. if（i==5）

B. if i=5 then

C. if i=5

D. if i==5 then

10. 如何编写当 i 不等于 5 时执行一些语句的条件语句？（　　）

A. if=!5 then

B. if<>5

C. if（i<>5）

D. if（i!=5）

11. 在 JavaScript 中，有多少种不同类型的循环？（　　）

A. 两种，for 循环和 while 循环

B. 四种，for 循环、while 循环、do...while 循环以及 loop...until 循环

C. 一种，for 循环

12. for 循环如何开始？（   ）

A. for（i<=5；i++）

B. for（i=0；i<=5；i++）

C. for（i=0；i<=5）

D. for i=1 to 5

13. 如何在 JavaScript 中添加注释？（   ）

A. 'This is a comment

B. <!--This is a comment-->

C. //This is a comment

14. 可插入多行注释的 JavaScript 语法是（   ）。

A. /*This comment has more than one line*/

B. //This comment has more than one line//

C. <!--This comment has more than one line-->

15. 定义 JavaScript 数组的正确方法是（   ）。

A. var txt=new Array="George"，"John"，"Thomas"

B. var txt=new Array（1:"George"，2:"John"，3:"Thomas"）

C. var txt=new Array（"George"，"John"，"Thomas"）

D. var txt=new Array:1=（"George"）2=（"John"）3=（"Thomas"）

16. 如何把 7.25 四舍五入为最接近的整数？（   ）

A. round（7.25）

B. rnd（7.25）

C. Math.rnd（7.25）

D. Math.round（7.25）

17. 如何求得 2 和 4 中最大的数？（   ）

A. Math.ceil（2，4）

B. Math.max（2，4）

C. ceil（2，4）

D. top（2，4）

18. 打开名为"window2"的新窗口的 JavaScript 语法是（   ）。

A. open.new（"http://www.w3school.com.cn"，"window2"）

B. new.window（"http://www.w3school.com.cn"，"window2"）

C. new（"http://www.w3school.com.cn"，"window2"）

D. window.open（"http://www.w3school.com.cn"，"window2"）

19. 如何在浏览器的状态栏放入一条消息？（   ）

A. statusbar="put your message here"

B. window.status="put your message here"

C. window.status（"put your message here"）

D. status（"put your message here"）

20. 如何获得客户端浏览器的名称？（   ）

A. client.navName

B. navigator.appName

C. browser.name

二、简答题

1. 请简要介绍一下你理解的 AJAX 是什么？

AJAX 并不是一门新的语言，只是几种语言的一个集合，有 XHTML，CSS，XML，JavaScript，其核心是 XMLHttpRequest，实现异步通信。

2. JS 的跳转函数是什么？如何引入一个外部 JS 文件？

window.location.href

<script type="text/javascript" src="js/js_function.js"></script>

第 2 部分

实 验

实验1 PHP开发环境安装

一、实验目的

（1）掌握 wamp 环境安装和配置。
（2）初步接触 PHP 程序。

二、实验内容

（1）安装和配置 wamp 环境。
（2）使用 wamp 开发简单的 PHP 程序。

三、实验准备

（1）了解 wamp 开发环境的组成。
（2）准备 wamp 安装包 wamp5_1.7.4.exe。

四、实验步骤

（1）双击文件 wamp5_1.7.4.exe，在安装程序打开的窗口中，除了制定安装目录，并设定输入主机名、管理员信箱，如图 2-1-1 所示。

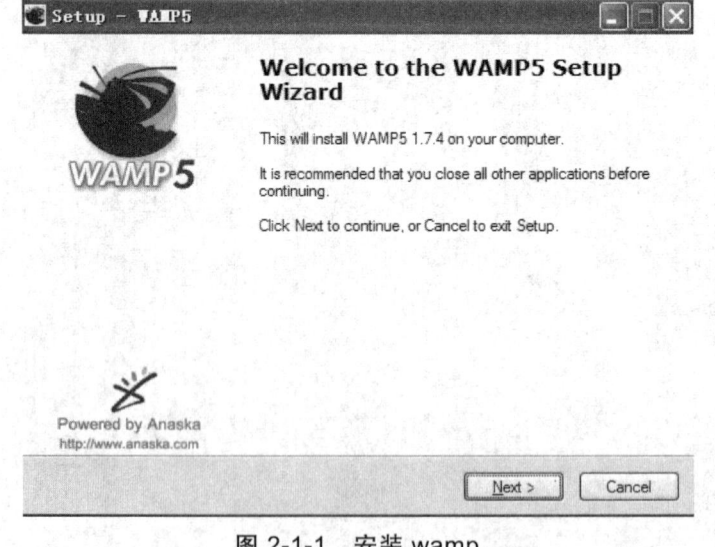

图 2-1-1 安装 wamp

一路选择"Next"下去，完成安装。安装完成后，在任务栏托盘区中会增加一个 wamp 程序运行图标" "，这说明 wamp 已经安装成功，单击图标：" " → " Localhost"，或者在 IE 地址栏中键入"http://localhost/"，即可看到 WAMP5 Homepage。

（2）在 wamp 安装路径下的 www 文件夹中（C:\wamp\www），建立一个文件 index.php，内容如下：

```
<?php
   echo "Hello!PHP programe";
?>
```
单击任务栏托盘区中的图标 "🔒" → "🅴 Localhost"，或者在浏览器中输入 "http://localhost/"，效果如图 2-1-2 所示。

图 2-1-2　测试效果图

实验 2　PHP 基础（一）

一、实验目的

（1）掌握 PHP 语法基本元素，掌握数据类型、变量和常量、运算符、表达式的使用。
（2）掌握 PHP 流程控制。
（3）掌握在 Html 和 PHP 命令标记相结合的方法。
（4）掌握用 PHP 和 Html 交互的处理方法。

二、实验内容

（1）PHP 语法：数据类型、变量和常量、运算符、表达式、流程控制。
（2）PHP 和 html 交互。

三、实验准备

（1）了解在 html 中嵌入 PHP 代码的方法。
（2）了解 PHP 的语法。
（3）了解用 php 读取 html 表单控件数值的方法。

四、实验步骤

1. 在 html 中嵌入 PHP 命令标记

实验任务：编写一个 php 动态页面，在 html 标记中先嵌入一段 php 代码，给变量$xh 赋一个文本数值，然后把$xh 的数值作为一个 html 表单中的文本型输入框的 value 属性值。

编程示例（见图 2-2-1）：

```
<html>
  <head>
    <title>在 html 中嵌入 PHP 命令</title>
    <meta http-equiv="Content-Type" content="text/html;charset=gb2312">
  </head>
  <body>
    <h1>PHP inside html</h1>
    <?php
      $xh="081101";
    ?>
    <form action="" method="post">
      学号是<input type="text" name="xh" size="20" value="<?php echo $xh;?>">
    </form>
  </body>
</html>
```

图 2-2-1　HTML 页面

2. PHP 语法实验

（1）变量、表达式和判断的使用。

实验任务：编写一段 PHP 代码，用于判断一个整数变量的数值是否大于 5，并显示判断结果。

编程示例：

```php
<?php
   echo "<br>";
   $i=10;
   if($i>5)
      echo "i 大于 5<br>";
   else
      echo "i 不大于 5<br>";
?>
```

（2）循环。

实验任务：在（1）所编写 PHP 代码的基础上，添加一段循环，从 1 依次显示到整数变量的数值，各数之间以","做分隔符。

编程示例：

```php
<?php
   echo "<br>";
   $i=10;
   if($i>5)
      echo "i 大于 5<br>";
   else
      echo "i 不大于 5<br>";
   for($j=1;$j<=$i;$j++)
   {
      if($j<$i)
         echo $j.", ";
      else
         echo $j;
   }
?>
```

3. php 读取表单数值

实验任务：编写一个带 form 和输入控件的 PHP 页面，用 PHP 代码接收输入控件的内容，并显示，如图 2-2-2 所示。

编程示例：

```
<html>
  <head>
    <title>PHP 读取表单练习</title>
    <meta http-equiv="Content-Type" content="text/html;charset=gb2312">
  </head>
  <body>
    <h1>PHP 读取表单练习</h1>
    <form action="" method="post">
      请输入变量$i 的数值<input type="text" name="i" size="20">
      <input type="submit" name="submit" value="确定">
    </form>
    <?php
      if(isset($_POST['submit']))
      {
        $i=$_POST['i'];
        $i=(int)$i;
        if($i>5)
          echo "<script>alert('i 大于 5');</script>";
        else
          echo "<script>alert('i 不大于 5');</script>";
        for($j=0;$j<$i;$j++)
        {
          if($j==$i-1)
            echo $j;
          else
            echo $j.", ";
        }
      }
    ?>
  </body>
</html>
```

图 2-2-2　HTML 页面

实验 3　PHP 基础（二）

一、实验目的

（1）掌握 php 中函数的定义和使用方法。
（2）掌握 php 中类的定义和使用方法。

二、实验内容

（1）PHP 函数。
（2）PHP 面向对象编程。

三、实验准备

（1）了解函数的定义及使用方法。
（2）了解类的定义及使用方法。

四、实验步骤

1. 函数的定义和使用

实验任务：设计一个 PHP 网页 index.php，其中定义一个 PHP 函数，用于比较前两个输入参数的大小。若第三个输入参数的数值是"B"，就将最大的数值返回；若第三个参数的数值是"L"，就将最小的数值返回；若前两个输入参数一样大，则返回二者其中之一。并用同一个 PHP 网页输入两个数值，调用上述的函数返回结果，如图 2-3-1 所示。

编程示例：

```
<html>
  <head>
    <title>PHP 函数练习</title>
    <meta http-equiv="Content-Type" content="text/html;charset=gb2312">
  </head>
  <body>
    <?php
      function cbl($i, $j, $p)
      {
        if($i>=$j)
        {
          $bigger=$i;
          $littler=$j;
        }
        else
```

```php
        {
           $bigger=$j;
           $littler=$i;
        }
        if($p=="B")
           return $bigger;
        else
           return $littler;
    }//cbl

    if(isset($_POST['submit']))
    {
       $a=$_POST['a'];
       $a=(int)$a;
       $b=$_POST['b'];
       $b=(int)$b;
       $sel=$_POST['sel'];
    }
?>
<h1>PHP 函数练习</h1>
<form action="" method="post">
    <table width="80%" border="0">
       <tr>
          <td width="20%">请输入变量$a 的数值</td>
          <td width="80%"><input type="text" name="a" size="20" value="<?php echo $a;?>"></td>
       </tr>
       <tr>
          <td>请输入变量$b 的数值</td>
          <td><input type="text" name="b" size="20" value="<?php echo $b;?>"></td>
       </tr>
       <tr>
          <td>指定返回数值是</td>
          <td>
             <select name="sel">
                <option value="最大值">最大值</option>
                <option value="最小值">最小值</option>
             </select>
          </td>
```

```
        </tr>
        <tr>
          <td> </td>
          <td>
            <input type="submit" name="submit" value="确定">
          </td>
        </tr>
        <tr>
          <td>结果是</td>
          <td>
            <?php
              if($sel=="最大值")
                $control="B";
              else
                $control="L";
              echo "两者的".$sel."是".cbl($a, $b, $control);
            ?>
          </td>
        </tr>
      </table>
    </form>
  </body>
</html>
```

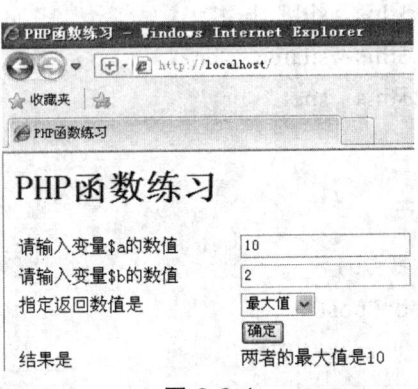

图 2-3-1

2. 类的定义和使用

实验任务：在一个 PHP 网页 index.php 中，设计一个学生管理类，有学号、姓名、专业等属性，用来存储学生的信息。用 PHP 代码创建学生管理类的实例，并用输入文本框给实例的属性赋值，并显示实例的属性数值，如图 2-3-2 所示。

编程示例：

```html
<html>
  <head>
    <title>PHP 面向对象设计练习</title>
    <meta http-equiv="Content-Type" content="text/html;charset=gb2312">
  </head>
  <body>
    <?php
      if(isset($_POST['submit']))
      {
        $sid=$_POST['sid'];
        $sname=$_POST['sname'];
        $spel=$_POST['spel'];
      }//if
      class student
      {
        private $sid;
        private $sname;
        private $spel;
        function show($xh, $xm, $zy)
        {
          $this->sid=$xh;
          $this->sname=$xm;
          $this->spel=$zy;
          echo "学号: ".$this->sid."<br>";
          echo "姓名: ".$this->sname."<br>";
          echo "专业: ".$this->spel."<br>";
        }//show
      }//student
    ?>
    <h1>PHP 类的设计练习</h1>
    <form action="" method="post">
      <table width="80%" border="0">
        <tr>
          <td width="10%">请输入学号: </td>
          <td width="80%"><input type="text" name="sid" size="20" value="<?php echo $sid;?>"></td>
        </tr>
        <tr>
          <td>请输入姓名</td>
```

```html
                <td><input type="text" name="sname" size="20" value="<?php echo $sname;?>"></td>
            </tr>
            <tr>
                <td>请指定专业</td>
                <td><select name="spel">
                        <option value="软件设计">软件设计</option>
                        <option value="信息管理">信息管理</option>
                    </select>
                </td>
            </tr>
            <tr>
                <td> </td>
                <td><input type="submit" name="submit" value="确定"></td>
            </tr>
            <tr>
                <td>实例是</td>
                <td>
                  <?php
                    $stu=new student();
                    $stu->show($sid, $sname, $spel);
                    //echo $sid;
                  ?>
                </td>
            </tr>
        </table>
    </form>
  </body>
</html>
```

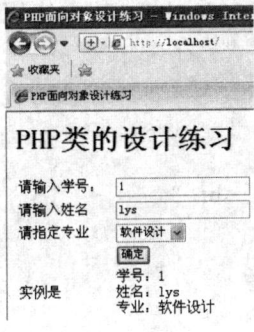

图 2-3-2

实验 4 PHP 数据处理

一、实验目的

（1）掌握 PHP 中处理数组数据的方法。
（2）掌握 PHP 中字符串操作的方法。
（3）掌握 PHP 中正则表达式的使用方法。
（4）掌握 PHP 中文件的操作方法。
（5）掌握 PHP 中日期数据的处理方法。

二、实验内容

（1）使用 PHP 数组：包括定义、初始化、键和值、定位和遍历。
（2）进行字符串操作。
（3）用正则表达式验证表单数据正确性。
（4）文件打开、关闭、写入、读出等操作。
（5）日期函数的使用。

三、实验准备

（1）了解 PHP 中数组的键和键值的概念；
（2）了解字符串各常用操作函数；
（3）了解正则表达式的规则；
（4）了解文件的操作方法；
（5）了解 PHP 时间戳的概念。

四、实验步骤

1. 数组的操作

实验任务：设计一个 PHP 网页 index.php，其中使用循环将用户输入的 5 个数由小到大排序显示，如图 2-4-1 所示。

编程示例：

```php
<?php
    echo "请输入需要排序的数据：<br>";
    echo"<form method='post'>";
    for($i=1;$i<6;$i++)
    {
        echo "<input type='text' name='seq[]' size='5'>";
```

```php
        if($i<5)
            echo "-";
    }
    echo "<input type='submit' name='confirm' value='提交'>";
    echo  "</form>";
?>
<?php
    if(isset($_POST['confirm']))
    {
        $temp=0;
        $seq=$_POST['seq'];
        $num=count($seq);
        echo "您输入的数据有：<br>";
        foreach($seq as $score)
        {
            echo $score."<br>";
        }
        for($i=0;$i<$num;$i++)
        {
            for($j=$i+1;$j<$num;$j++)
            {
                if($seq[$j]>$seq[$i])
                {
                    $temp=$seq[$j];
                    $seq[$j]=$seq[$i];
                    $seq[$i]=$temp;
                }
            }
        }
        echo "从大到小排序后的结果是：<br>";
        while(list($key，$value)=each($seq))
        {
            echo $value."<br>";
        }
    }
?>
```

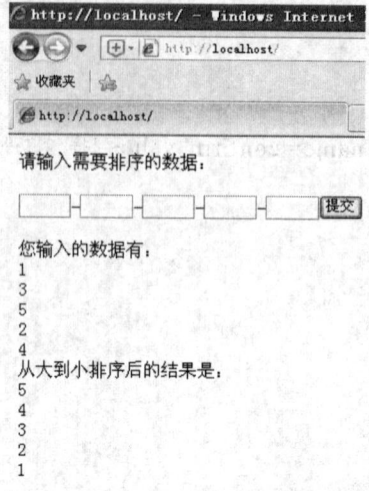

图 2-4-1　HTML 页面

2. 字符串的操作

实验任务：设计一个 PHP 网页 index.php，输入 5 个学生的学号，如果有相同的学号则只保留一个，找到前缀为"0811"的学生，将前缀改为"0810"，最后将所有学号输出，以逗号","为分隔符，如图 2-4-2 所示。

编程示例：

```php
<?php
  echo "请输入学生的学号：<br>";
  echo "<form method='post'>";
  for($i=1;$i<6;$i++)
  {
    echo "<input type='text' name='stu[]' size='5'>";
    if($i<5)
      echo "-";
  }
  echo "<input type='submit' name='confirm' value='提交'>";
  echo "</form>";
?>
<?php
  if(isset($_POST['confirm']))
  {
    $k=0;
    $jsj=array();
    $stu=$_POST['stu'];
    for($i=0;$i<count($stu);$i++)
    {
```

```php
        for($j=$i+1;$j<count($stu);$j++)
        {
            if(strcmp($stu[$i], $stu[$j])==0)
            array_splice($stu, $j, 1);//删除重复元素
        }
    }
    $str=implode(", ", $stu);//将数组转换为字符串
    echo "所有学生的学号如下：";
    echo $str."<br>";
    foreach($stu as $value)
    {
        if(strstr($value, "0811"))
        {
            $string=str_replace("0811", "0810", $value);
            $jsj[$k]=$string;
            $k++;
        }
    }
    echo "调整后，学生的学号如下：<br>";
    echo implode(", ", $jsj);
}
?>
<html>
  <head>
    <meta http-equiv="content-type" content="text/html;charset=gb2312">
  </head>
  <body>
  </body>
</html>
```

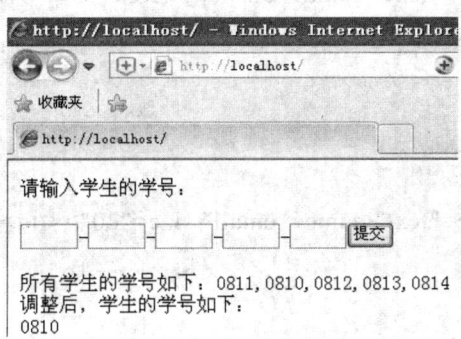

图 2-4-2　HTML 页面

3. 正则表达式的使用

实验任务：设计一个 PHP 网页 index.php，其中验证表单数据的正确性，表单数据中包括用户名、密码、出生年月、E-mail。要求用户名为 6~12 个字符，密码为 6~20 个数字，出生年月为有效的日期，E-mail 为有效的 Email 地址，如图 2-4-3 所示。

编程示例：

```
<html>
  <head>
    <title>PHP 正则表达式练习</title>
    <meta http-equiv="Content-Type" content="text/html;charset=gb2312">
  </head>
  <body>
    <h1>PHP 正则表达式练习</h1>
    <form action="" method="post">
    <table width="80%" border="0">
      <tr>
        <td width="10%">用户名</td>
        <td width="50%"><input type="text" name="userid" size="20"></td>
        <td width="40%">*6~12 个字符(数字，字母和下划线)</td>
      </tr>
      <tr>
        <td>密码</td>
        <td><input type="text" name="pwd" size="20"></td>
        <td>*6~20 个数字</td>
      </tr>
      <tr>
        <td>出生年月</td>
        <td><input type="text" name="birthday" size="20"></td>
        <td>*格式：YYYY-MM-DD</td>
      </tr>
      <tr>
        <td>Email</td>
        <td><input type="text" name="email" size="20"></td>
        <td>*</td>
      </tr>
      <tr>
```

```php
        <td> </td>
        <td><input type="submit" name="confirm" value="确定"></td>
    </tr>
    <tr>
        <td>结果是</td>
        <td><?php
            if(isset($_POST['confirm']))
            {
                $userid=$_POST['userid'];
                $pwd=$_POST['pwd'];
                $birthday=$_POST['birthday'];
                $email=$_POST['email'];
                $checkid=preg_match('/^\w{6,12}$/', $userid);
                $checkpwd=preg_match('/^\d{6,20}$/', $pwd);
                $checkbirthday=preg_match('/^\d{4}-(0?\d|1?[012])-(0?\d|[12]\d|3[01])$/', $birthday);
                $checkemail=preg_match('/^[a-zA-Z0-9_\-]+@[a-zA-Z0-9\-]+\.[a-zA-Z0-9\-\.]+$/', $email);
                if(!$checkid)
                    echo "<script>alert('用户名格式错');</script>";
                elseif(!$checkpwd)
                    echo "<script>alert('密码格式错');</script>";
                elseif(!$checkbirthday)
                    echo "<script>alert('用户生日格式错');</script>";
                elseif(!$checkemail)
                    echo "<script>alert('Email 格式错');</script>";
                else
                    echo "数据格式正确";
            }
        ?>
        </td>
    <tr>
    </table>
</form>
</body>
</html
```

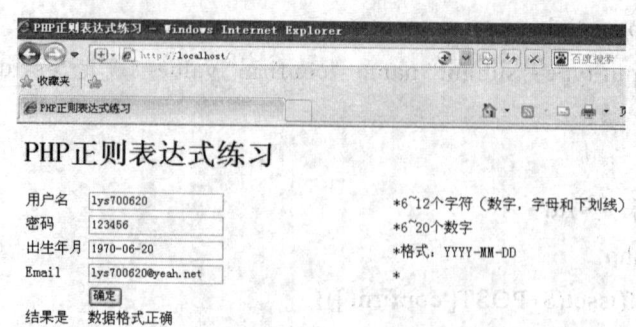

图 2-4-3　HTML 页面

4. 文件的操作

实验任务：设计一个 php 网页 index.php，用来进行投票。投票计数记录在 php 文件所在目录中的一个文件 voteresult.txt 中，各个选项的投票计数值在一行中，用"|"分隔，如图 2-4-4 所示。

编程示例：

```
<html>
  <head>
    <title>PHP 文件操作练习</title>
    <meta http-equiv="Content-Type" content="text/html;charset=gb2312">
  </head>
  <body>
    <form action="" method="post">
      <table width="80%" border="0">
        <tr>
          <td width="10%"> </td>
          <td width="50%"><font size="4"><b>当今最流行的 Web 开发技术</b></font></td>
          <td width="40%"> </td>
        </tr>
        <tr>
          <td></td>
          <td> </td>
          <td></td>
        </tr>
        <tr>
          <td> </td>
          <td><input type="radio" name="vote" value="PHP">PHP</td>
          <td> </td>
        </tr>
```

```html
        <tr>
           <td> </td>
           <td><input type="radio" name="vote" value="ASP">ASP</td>
           <td> </td>
        </tr>
        <tr>
           <td> </td>
           <td><input type="radio" name="vote" value="JSP">JSP</td>
           <td> </td>
        </tr>
        <tr>
           <td> </td>
           <td><input type="radio" name="vote" value="ASP.NET">ASP.NET</td>
           <td> </td>
        </tr>
        <tr>
           <td> </td>
           <td><input type="submit" name="confirm" value="请投票"></td>
           <td> </td>
        </tr>
     </table>
  </form>
```
```php
<?php
  $votefile="voteresult.txt";
  if(!file_exists($votefile))
  {
     $handle=fopen($votefile, "w+");
     fwrite($handle, "0|0|0|0");
     fclose($handle);
  }
  if(isset($_POST['confirm']))
  {
     if(isset($_POST['vote']))
     {
        $vote=$_POST['vote'];
        $handle=fopen($votefile, "r+");
        $votestr=fread($handle, filesize($votefile));
        fclose($handle);
        $votearray=explode("|", $votestr);
```

```php
            echo "<h3>投票完毕</h3>";
            //if($vote=="PHP")
            //$votearray[0]++;
            switch($vote)
            {
                case "PHP":
                    $votearray[0]++;
                    break;
                case "ASP":
                    $votearray[1]++;
                    break;
                case "JSP":
                    $votearray[2]++;
                    break;
                case "ASP.NET":
                    $votearray[3]++;
                    break;
                default:
                    break;
            }
            echo "<br>";
            $techarray=array("PHP", "ASP", "JSP", "ASP.NET");
            $totalvote=0;
            for($i=0;$i<count($votearray);$i++)
            {
                echo "<fontsize='2' color='blue'>目前".$techarray[$i]."的投票数是".$votearray[$i]."</font><br>";
                //echo"的投票数是".$votearray[i]."<br>";
                $totalvote=(int)$totalvote+$votearray[$i];
            }
            echo "<font size='2' color='red'>总投票数是".$totalvote."</font><br>";
            $votestr2=implode("|", $votearray);
            $handle=fopen($votefile, "w+");
            fwrite($handle, $votestr2);
            fclose($handle);
        }
        else
        {
            echo"<script>alert('未选择投票选项');</script>";
```

        }
      }
    ?>
  </body>
</html>

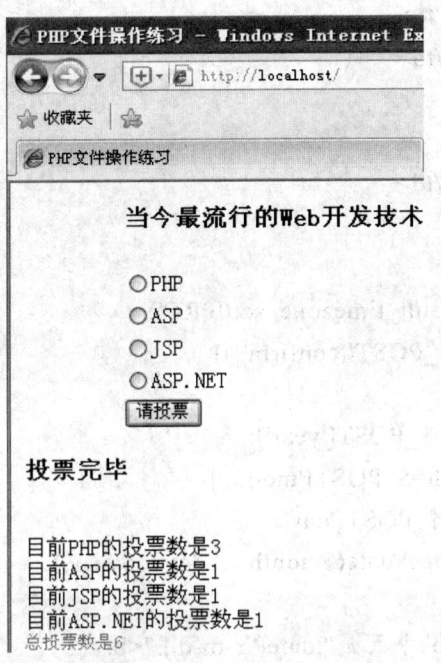

图 2-4-4　HTML 页面

5. 日期数据的操作

实验任务：设计一个 PHP 网页 index.php，由用户输入自己的生日，让系统帮助计算出年龄和出生日期是星期几，如图 2-4-5 所示。

编程示例：

```
<html>
  <head>
    <title>PHP 日期函数练习</title>
    <meta http-equiv="Content-Type" content="text/html;charset=gb2312">
  </head>
  <body>
    <h1>PHP 日期函数练习</h1>
    <form action="" method="post">
      <table width="80%" border="0">
        <tr>
          <td width="15%">请输入自己的生日</td>
          <td width="25%"><input type="text" name="year" size="4"> 年 <input
```

```
type="text" name="month" size="2">月<input type="text" name="day" size="2">日</td>
            <td width="60%"><input type="submit" name="confirm" value="确定"></td>
        </tr>
        <tr>
            <td> </td>
            <td> </td>
            <td> </td>
        </tr>
        <tr>
            <td>结果是</td>
            <td>
                <?php
                    date_default_timezone_set('PRC');
                    if(isset($_POST['confirm']))
                    {
                        $year=$_POST['year'];
                        $month=$_POST['month'];
                        $day=$_POST['day'];
                        if(@checkdate($month, $day, $year))
                        {
                            echo"今天是".date('Y-m-d')."<br>";
                            echo"您的大致年龄是: ".(date('Y', time())-$year)."岁<br>";
                            $newtime=mktime(0, 0, 0, date("m"), date("j"), date("Y"));
                            $oldtime=mktime(0, 0, 0, $month, $day, $year);
                            $days=($newtime-$oldtime)/(24*3600);echo"您的出生天数是:".$days."天<br>";

                            $days=(float)($newtime-$oldtime)/(24*3600*(365*3+366))*4;
                            echo"您的精确年龄是:".$days."岁<br>";//得出生日期为星期几
                            $array=getdate(strtotime("$year-$month-$day"));
                            echo"出生时是".$array['weekday'];
                        }
                        else
                        {
                            echo"<script>alert('无效的日期');</script>";
                        }
                    }
                ?>
            </td>
        <tr>
```

```
        </table>
    </form>
  </body>
</html>
```

图 2-4-5　HTML 页面

实验 5 PHP Web 项目实践——编写 PHP 互动网页

一、实验目的

掌握使用 PHP 编写交互网站所需要的方法：包括接收表单数据、使用会话等。

二、实验内容

（1）接收表单数据。
（2）页面调转。
（3）使用会话。

三、实验准备

（1）了解 Web 接收表单数据的方法。
（2）了解会话技术。
（3）了解页面的跳转。

四、实验步骤

实验任务：编写一个小型 Web 网站项目，由用户登录后投票，若登录不成功，则返回到登录页面，若登录成功则进入投票页面。若该用户名已投过票，则新投票无效，并给出提示。投票内容和投票记录表和实验 4 一样。用户和密码表保存在一个文本文件 user.txt 中，格式是一个用户|密码占一行。已投票用户单独使用一个文件，一个用户名一行。说明：该 web 项目所使用的主要技术包括表单数据读取、网站登录验证、强制跳转、会话技术、文件读取等。

编程示例：

1. 登录页面 login.php

```
<html>
  <head>
    <title>PHP Web 技术练习</title>
    <meta http-equiv="Content-Type" content="text/html;charset=gb2312">
  </head>
  <body>
    <h1>PHP Web 技术练习</h1>
    <form action="check.php" method="post">
      <table width="80%" border="0">
        <tr>
          <td width="10%">用户：</td>
          <td width="80%"><input type="text" name="userid" size="20" value=""></td>
        </tr>
```

```html
            <tr>
                <td>密码</td>
                <td><input type="password" name="pwd" size="20" value=""></td>
            </tr>
            <tr>
                <td> </td>
                <td><input type="submit" name="submit" value="登录"></td>
            </tr>
            <tr>
                <td> </td>
                <td> </td>
            </tr>
        </table>
    </form>
</body>
</html>
```

2. 登录验证 check.php

```php
<?php
$username=$_POST['userid'];
$password=$_POST['pwd'];
//$spel=$_POST['spel'];
function loaduser()
{
    $user_array=array();
    $filename="user.txt";
    $fp=fopen($filename, "r");
    $i=0;
    while($line=fgets($fp, 1024))
    {
        list($user, $pwd)=explode("|", $line);//从文件的行中，把数据项分开，并借助数组，赋值给两个变量
        $user=trim($user);
        $pwd=trim($pwd);
        $user_array[$i]=array($user, $pwd);//一对用户名和密码，成为二维数组的一行，为下面的匹配做准备
        $i++;
    }//while
    fclose($fp);
    return $user_array;
}//loaduser
```

```php
    $user_array=loaduser();
    if($username)
    {
        //判断用户输入的用户名和密码是否正确
        if(!in_array(array($username, $password), $user_array))
        {
            echo"<script>alert('用户名或密码错误');location='login.php';</script>";
        }
        else
        {
            foreach($user_array as $value)
            {
                list($user, $pwd)=$value;
                if($user==$username && $pwd==$password)
                {
                    session_start();
                    $_SESSION['userid']=$username;
                    $_SESSION['PASS']="OK";
                    echo "<div>您的用户名为".$user."</div>";
                    echo "<a href='add.php'>数据管理</a>";
                }
            }
        }
    }
    else
    {
        echo "您没有登录,无权访问本页";
    }
?>
```

3. 投票处理 add.php

```php
<?php
    session_start();
    $passport=@$_SESSION["PASS"];
    if($passport!="OK")
        header("location:login.php");
    $userid=(string)$_SESSION["userid"]
?>
<html>
    <head>
```

```html
<title>PHP 文件操作练习</title>
<meta http-equiv="Content-Type" content="text/html;charset=gb2312">
</head>
<body>
<form action="" method="post">
<table width="80%" border="0">
<tr>
<td width="10%"> </td>
<td width="50%"><font size="4"><b>欢迎<font color='blue'><?php echo @$_SESSION["userid"]?></font>参加投票</b></font></td>
<td width="40%"> </td>
</tr>
<tr>
<td></td>
<td> </td>
<td></td>
</tr>
<tr>
<td width="10%"> </td>
<td width="50%"><font size="3"><b>当今最流行的 Web 开发技术是</b></font></td>
<td width="40%"> </td>
</tr>
<tr>
<td> </td>
<td><input type="radio" name="vote" value="PHP">PHP</td>
<td> </td>
</tr>
<tr>
<td> </td>
<td><input type="radio" name="vote" value="ASP">ASP</td>
<td> </td>
</tr>
<tr>
<td> </td>
<td><input type="radio" name="vote" value="JSP">JSP</td>
<td> </td>
</tr>
<tr>
<td> </td>
<td><input type="radio" name="vote" value="ASP.NET">ASP.NET</td>
```

```php
            <td> </td>
          </tr>
          <tr>
            <td> </td>
            <td><input type="submit" name="confirm" value="请投票"></td>
            <td> </td>
          <tr>
        </table>
</form>
<?php
    $voterfile="voter.txt";
    if(!file_exists($voterfile))
    {
        $voterhandle=fopen($voterfile, "w+");
        fwrite($voterhandle, "");
        fclose($voterhandle);
    }
    else
    {
        $line=file("voter.txt");//把投票文件的记录读入到$line 数组中
        $if_vote=false;
        echo"<br>";
        $i=0;
        foreach($line as $value)
        {
            //echo $i."".$value."-----";
            if(strcasecmp($value, $userid)==2)
            {
                echo "<script>alert('您已经参与过投票，不能重复投票了！');</script>";
                $if_vote=true;
            }
            $i++;
        }
    }
?>
<?php
    $votefile="voteresult.txt";
    if(!file_exists($votefile))
    {
        $handle=fopen($votefile, "w+");
        fwrite($handle, "0|0|0|0");
```

```php
        fclose($handle);
    }
    if($if_vote==false)
    {
        //若未投过票
        if(isset($_POST['confirm']))
        {
            if(isset($_POST['vote']))
            {
                $vote=$_POST['vote'];
                $handle=fopen($votefile, "r+");
                $votestr=fread($handle, filesize($votefile));
                fclose($handle);
                $votearray=explode("|", $votestr);
                echo "<h3>投票完毕</h3>";
                //if($vote=="PHP")
                //$votearray[0]++;
                //
                switch($vote)
                {
                    case "PHP":
                        $votearray[0]++;
                        break;
                    case "ASP":
                        $votearray[1]++;
                        break;
                    case "JSP":
                        $votearray[2]++;
                        break;
                    case "ASP.NET":
                        $votearray[3]++;
                        break;
                    default:
                        break;
                }
                echo "<br>";
                $techarray=array("PHP", "ASP", "JSP", "ASP.NET");
                $totalvote=0;
                for($i=0;$i<count($votearray);$i++)
                {
                    echo "<font size='2' color='blue'>目前 ".$techarray[$i]." 的投票数是
```

```php
".$votearray[$i]." </font><br>";
                        //echo "的投票数是".$votearray[$i]."<br>";
                        $totalvote=(int)$totalvote+$votearray[$i];
                    }
                    echo "<font size='2' color='red'>总投票数是".$totalvote."</font><br>";
                    //记录投票数
                    $votestr2=implode("|", $votearray);
                    $handle=fopen($votefile, "w+");
                    fwrite($handle, $votestr2);
                    fclose($handle);
                    $handle=null;//记录投票用户
                    if(!$if_vote)
                    {
                      //$voterfile="voter.txt";
                      $voterhandle=fopen($voterfile, "a");
                      fwrite($voterhandle, $userid, strlen($userid));
                      fwrite($voterhandle, "\n\r", 2);
                      fclose($voterhandle);
                    }
                    $if_vote=false;
                }
                else
                {
                    echo"<script>alert('未选择投票选项');</script>";
                }
            }
        }
        else
        {
            //若已经投过票
        }
    ?>
  </body>
</html>
```

4. 用户和密码表 user.txt

格式是一个用户|密码占一行。

1|1

2|2

3|3

实验6　PHP 和数据库

一、实验目的

掌握 PHP 连接和操作数据库的方法。

二、实验内容

用 PHP 连接和操作 MySQL 的方法。

三、实验准备

（1）掌握 MySQL 数据库、数据表以及记录的手工管理操作方法。
（2）掌握 PHP 连接数据库的方法。
（3）事先把数据库 test、数据表 student 建好，并填写 student 中的记录。

四、实验步骤

实验任务：编写一个 php 页面 index.php，能够按照学号、姓名、院系查询 mysql 数据库 test 中 student 表里的记录数，结果分页显示，每页显示 15 条记录，如图 2-6-1 所示。

student 表结构如表 2-6-1 所示。

表 2-6-1　student 表

字段名	含义	数据类型	数据长度	是否主键	是否允许为空
s_id	学号	varchar	11	是	否
s_student	姓名	varchar	40	否	是
department	院系	varchar	40	否	是

```
use test;
create table student
(
    s_id varchar(11)primary key,
    s_name varchar(40),
    department varchar(40)
);
insert into student values('1', '张三', '软件');
insert into student values('2', '李四', '计科');
insert into student values('3', '王五', '网络');
```

编程示例：
```php
<?php
    $Number=@$_GET['s_id'];
    $Name=@$_GET['s_name'];
    $Depart=@$_GET['department'];
?>
<html>
    <head>
        <title>PHP 数据库练习</title>
        <meta http-equiv="Content-Type" content="text/html;charset=gb2312">
    </head>
    <body>
        <h1>PHP 数据库练习</h1>
        <form action="" method="get">
            <table width="80%" border="0">
                <tr>
                    <td width="20%"><font size="2">学号</font></td>
                    <td width="20%"><font size="2">姓名</font></td>
                    <td width="20%"><font size="2">院系</font></td>
                    <td width="40%">操作</td>
                <tr>
                <tr>
                    <td><input type="text" name="s_id" size="20" value=""></td>
                    <td><input type="text" name="s_name" size="20" value=""></td>
                    <td>
                        <select name="department">
                            <option value="所有部门">所有部门</option>
                            <?php
                                $conn=mysql_connect('localhost', 'root', '') or die("连接失败<br>");
                                mysql_select_db('test', $conn) or die("连接数据库失败<br>");
                                //mysql_query("set names 'gb2312'");
                                $sql="select distinct department from student";
                                $result=mysql_query($sql);
                                while($row=mysql_fetch_array($result))
                                {
                                    $dep=$row['department'];
                                    echo "<option value='$dep'>$dep</option>";
                                }
                            ?>
```

```html
          </select>
        </td>
        <td><input type="submit" name="confirm" size="20" value="查询"></td>
      </tr>
      <tr>
        <td> </td>
        <td></td>
      </tr>
      <tr>
        <td>查询结果是</td>
        <td></td>
      </tr>
    </table>
</form>
<table width="80%" border="0">
  <tr>
    <td width="20%">
    <font size="2">学号</font></td>
    <td width="20%"><font size="2">姓名</font></td>
    <td width="30%"><font size="2">院系</font></td>
    <td width="20%"> </td>
  </tr>
<?php
  function getsql($Num, $Na, $Dep)
  {
    $sql="select * from student where ";
    $note=0;
    if($Num)
    {
      $sql.=" s_id like '%$Num%'";
      $note=1;
    }
    if($Na)
    {
      if($note==1)
        $sql.=" and s_name like '%$Na%'";
      else
        $sql.=" s_name like' %$Na%'";
      $note=1;
```

```php
        }
        if($Dep && ($Dep!="所有部门"))
        {
            if($note==1)
                $sql.="and department like '%$Dep%'";
            else
                $sql.="department like '%$Dep%'";
            $note=1;
        }
        if($note==0)
        {
            $sql="select * from student";
        }
        return $sql;
    }
$conn=mysql_connect('localhost', 'root', '') or die("连接失败<br>");
mysql_select_db('test', $conn) or die("连接数据库失败<br>");
$sql="select * from student";
//echo $sql."<br>";
$sql=getsql($Number, $Name, $Depart);
//echo $sql."<br>";
//mysql_query("set NAMES gb2312;");
$result=mysql_query($sql);
$total=mysql_num_rows($result);
$num=15;
$page=isset($_GET['page'])?$_GET['page']:1;
$pagenum=ceil($total/$num);
$page=min($pagenum, $page);
$prepg=$page-1;
$nextpg=($page==$pagenum?0:$page+1);
$new_sql=$sql." limit ".($page-1)*$num.", ".$num;
//echo $new_sql."<br>";
$new_result=mysql_query($new_sql);
if($new_row=mysql_fetch_array($new_result))
{
    echo "<tr>";
    echo "<td>".$new_row['s_id']."</td>";
    echo "<td>".$new_row['s_name']."</td>";
    echo "<td>".$new_row['department']."</td>";
```

```php
            echo"<td></td>";
            echo "</tr>";
            while($new_row=mysql_fetch_array($new_result))
            {
                echo "<tr>";
                echo "<td>".$new_row['s_id']."</td>";
                echo "<td>".$new_row['s_name']."</td>";
                echo "<td>".$new_row['department']."</td>";
                echo "<td></td>";
                echo "</tr>";
            }
        }
        else
        {
            echo"<script>alert('数据表中无记录');</script>";
        }
    ?>
    </table>
    <?php
        echo "<br>";
        $pagenav="";
        if($prepg)
        {
            $pagenav."=<ahref='index.php?page=$prepg & Number=$Number & Name=$Name & Depart=$Depart'>上一页</a> ";
        }
        for($i=1;$i<=$pagenum;$i++)
        {
            if($page==$i)
            {
                $pagenav.=$i."";
            }
            else
            {
                $pagenav."= <ahref='index.php?page=$i&Number=$Number&Name=$Name&Depart=$Depart'>[$i]</a> ";
            }
        }
        if($nextpg>0)
```

```
            {
                $pagenav.=" <ahref='index.php?page=$nextpg&Number=$Number'>下一页</a> ";
            }
            $pagenav.=" 共(".$pagenum.")页";
            echo"<div align='center'>".$pagenav."</div>";
    ?>
    </body>
</html>
```

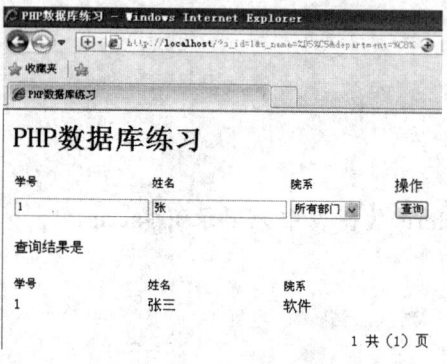

图 2-6-1　HTML 页面

实验 7 PHP 和 Ajax 技术

一、实验目的

（1）掌握 AJAX 的工作原理。
（2）掌握 PHP 中实现 AJAX 的过程和方法。

二、实验内容

由用户指定查询条件，使用 AJAX 技术，在 PHP 网页中实现数据库查询操作代码部分的响应刷新。

三、实验准备

（1）掌握 javascript 动态脚本语言；
（2）了解 AJAX 的工作原理；
（3）了解 AJAX 初始化的方法；
（4）了解 PHP 与 AJAX 的交互方法。

四、实验步骤

实验任务：设计一个使用 AJAX 技术的 PHP 页面 index.php，上面提供有一个院系查询选项表，当用户改变该选项表中的选项时，在页面下方响应显示出院系和所指定数值的全部学生（即在 PHP 网页中实现数据库查询操作代码部分的响应刷新）。响应代码放在页面 index.php 中（注：可仍然使用实验六所用的 test 数据库和其中的 student 表。）

编程示例：

1. index.php

```
<html>
  <head>
    <title>Ajax 实验</title>
    <script>
      //初始化函数
      function GetXmlHttpObject()
      {
      varXMLHttp=null;
      try
      {
        XMLHttp=new XMLHttpRequest();
      }
      catch(e)
```

```
        {
           try
           {
              XMLHttp=new ActiveXObject("Msxml2.XMLHTTP");
           }
           catch(e)
           {
              XMLHttp=new ActiveXObject("Microsoft.XMLHTTP");
           }
        }
        return XMLHttp;
     }//GetXmlHttpObject
     //下面为查询选项表中选项变动时所触发的函数
     function run()
     {
        XMLHttp=GetXmlHttpObject();
        var Depart=document.getElementById("dep").value;
        var url="ex7_2.php";
        url=url+"?depart="+Depart;
        //url=url+"&sid="+Math.random();
        XMLHttp.open("GET", url, true);
        XMLHttp.send(null);
        XMLHttp.onreadystatechange=function()
        {
           if(XMLHttp.readyState==4 && XMLHttp.status==200)
           {
              document.getElementById("innnercode").innerHTML=XMLHttp.responseText;
           }
        }
     }//run
  </script>
</head>
<body>
  <form action="" method="get">
     <table border="0" width="80%" border="0">
        <tr>
           <td width="10%"> </td>
           <td width="20%">请指定院系</td>
           <td width="30%">
```

```php
            <select name="dep" onchange="run()">
                <option>请选择</option>
                <?php
                    $conn=mysql_connect('localhost', 'root', '') or die("连接失败<br>");
                    mysql_select_db('test', $conn) or die("连接数据库失败<br>");
                    //mysql_query("setnames'gb2312'");
                    $sql="select distinct department from student";
                    $result=mysql_query($sql);
                    while($row=mysql_fetch_array($result))
                    {
                        $dep=$row['department'];
                        echo "<option value='$dep'>$dep</option>";
                    }
                ?>
            </select>
          </td>
          <td width="40%"></td>
        </tr>
      </table>
    </form>
    <br>
    <div id="innnercode"></div>
    <br>
  </body>
</html>
```

2. 响应部分 ex7_2.php（见图 2-7-1）

```php
<?php
  header("Content-Type:text/html;charset=gb2312");
  $depart=$_GET['depart'];
  echo "<table border='1' width='80%' border='0'>";
  echo "<tr>";
  echo "<td width='20%'><font size='2'>学号</font></td>";
  echo "<td width='30%'><font size='2'>姓名</font></td>";
  echo "<td width='30%'><font size='2'>院系</font></td>";
  echo "<td width='20%'> </td>";
  echo "</tr>";
  $conn=mysql_connect('localhost', 'root', '') or die("连接失败<br>");
  mysql_select_db('test', $conn) or die("连接数据库失败<br>");
```

```
//mysql_query("set NAMES gb2312");
$sql="select * from student where department='".$depart."'";
$result=mysql_query($sql);
while($row=mysql_fetch_array($result))
{
   echo "<tr>";
   echo "<td>".$row['s_id']."</td>";
   echo "<td>".$row['s_name']."</td>";
   echo "<td>".$row['department']."</td>";
   echo "<td></td>";
   echo "</tr>";
}
echo "</table>";
?>
```

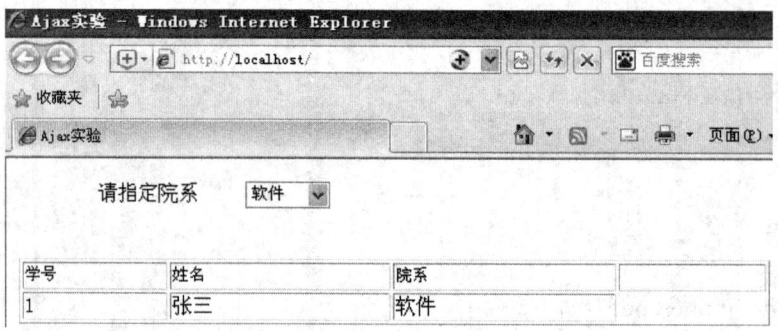

图 2-7-1　HTML 页面

第 3 部分

课程设计

网络在线考试系统

随着科技的发展，网络技术已经深入到人们的日常生活中，同时带来了教育方式的一次变革，而网络考试则是一个很重要的方向。基于 Web 技术的网络考试系统可以借助于遍布全球的 Internet 进行，因此考试既可以在本地进行，也可以在异地进行，大大拓展了考试的灵活性，并且缩短了传统考试要求老师打印试卷、安排考试、监考、收集试卷、评改试卷、讲评试卷和分析试卷这个漫长而复杂的过程，使考试更趋于客观、公正。

网络考试系统是一个具有在线考试、即时阅卷、成绩查询以及考题和考生信息管理等功能的网络在线考试系统。

1 开发背景

随着院校的扩招，学生数量不断增加，为了适应新形势的发展，改变传统的教学模式，方便学生随时随地对自己的学习情况进行检测，减轻教师的工作压力，开发一个网上在线考试系统，使考务管理突破时空限制，提高考试工作效率和标准化水平，使学校管理者、教师和学生可以在任何时候、任何地点通过网络进行考试已经势在必行。

2 系统分析

2.1 需求分析

随着计算机技术的发展和网络技术的日益成熟，通过网络进行信息交流已成为一种快捷的交互方式。在这种网络环境下，学校或考试机构希望通过建立网络在线考试网站来扩大知名度、降低管理成本和减少人力物力的投资，从而为考生提供更全面、更灵活的服务，并全面、准确地对考试进行跟踪和评价。与此同时，考生希望根据自己的学习情况进行测试，并能够得到客观、科学的评价，教务人员希望能够有效地改进现有的考试模式，提高考试效率。通过实际情况的调查，要求网络在线考试系统具有以下功能：

（1）界面设计美观大方、方便快捷、操作灵活；
（2）实现在线考试功能，自动核算考试成绩；
（3）提供考试时间倒计时功能，使考生实时了解考试剩余时间；
（4）系统自动阅卷，保证考试成绩真实有效；
（5）考生凭准考证号查询考试成绩，以保证信息安全；
（6）系统运行稳定、安全可靠；
（7）对考生及考题信息进行严格管理。

2.2 可行性分析

1. 经济可行性

定期组织考试是各个院校及时掌握学生学习成绩的有效方式，利用在线考试系统，一方面可以节省人力资源，降低考试成本；另一方面，在线考试系统能够快速进行考试和评分，体现出考试的客观和公正性。

2. 技术可行性

开发一个在线考试系统，最核心的技术问题就是如何实现在不刷新页面的情况下实时显示考试时间及剩余时间，并做到考试结束时间时自动提交试卷的功能。通过 Ajax 技术可以轻松实现这些功能，这为在线考试系统的开发提供了技术保障。

3 系统设计

3.1 设计目标

根据前面所作的需求分析及用户的需求，在系统实施后，应达到以下目标：
（1）采用开放、动态的系统架构，加强用户与网站的动态交互性；
（2）具有空间性，被授权的用户可以在异地登录考试系统，无须到指定地点进行考试。
（3）操作简单方便、界面简洁美观。
（4）系统提供考试时间倒计时功能，使考生实时了解考试剩余时间。
（5）实现自动提交试卷的功能，当考试时间到达规定时间时，如果考生还未提交试卷，系统将自动交卷，以保证考试严肃、公正地进行。
（6）系统自动阅卷，保证成绩真实准确。
（7）考生可以查询考试成绩。
（8）对考生注册信息进行管理。
（9）系统运行稳定、安全可靠。

3.2 功能结构

网络在线考试系统的前台功能结构如图 3-3-1 所示。

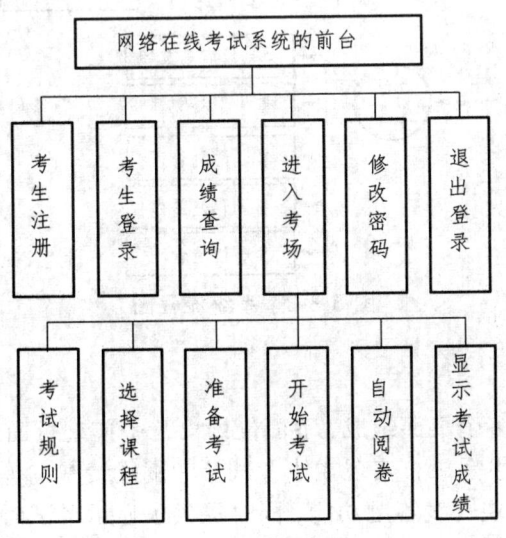

图 3-3-1 网络在线考试系统的前台功能结构

网络在线考试系统的后台功能结构如图 3-3-2 所示。

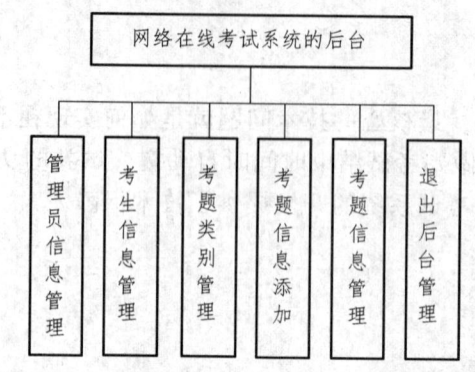

图 3-3-2 网络在线考试系统的后台功能结构

3.3 系统流程图

考生通过注册为网站用户，登录网站进行相关操作。考生登录后，可以进行在线考试、查询成绩和修改个人密码等操作。在考试前，考生需要阅读考试规则、选择考试套题后开始考试。考试时间结束时，考生提交试卷，系统将自动返回本次考试的考试结果。网站的管理员通过登录模块可以登录到网站的后台系统，对考生信息、考试信息、管理员信息进行管理，系统流程如图 3-3-3 所示。

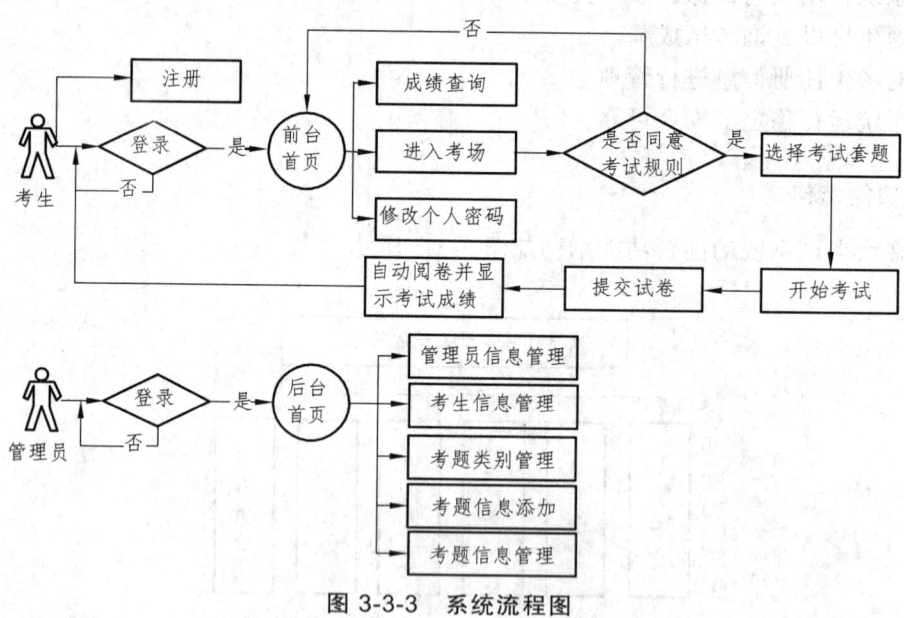

图 3-3-3 系统流程图

3.4 系统预览

网络在线考试系统由多个页面组成，下面仅列出几个典型页面，考生登录页面如图 3-3-4 所示，该页面主要用于考生登录，实现在线考试及考试成绩查询等功能。在线考试页面如图 3-3-5 所示，该页面用于实现在线答题功能，同时提供了显示考试时间和剩余时间及自动提交试卷功能。

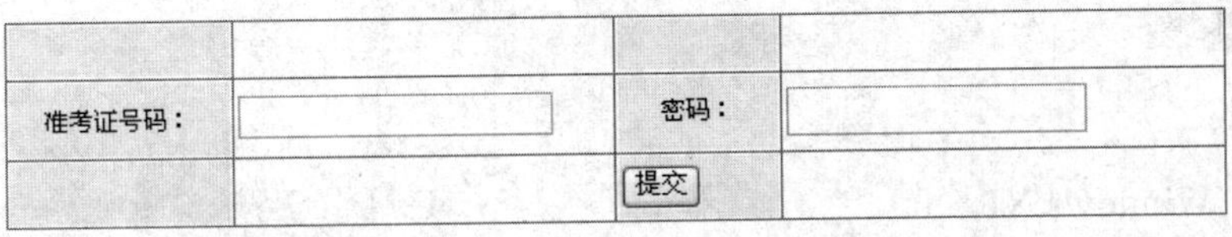

图 3-3-4　考生登录页面（login.html）

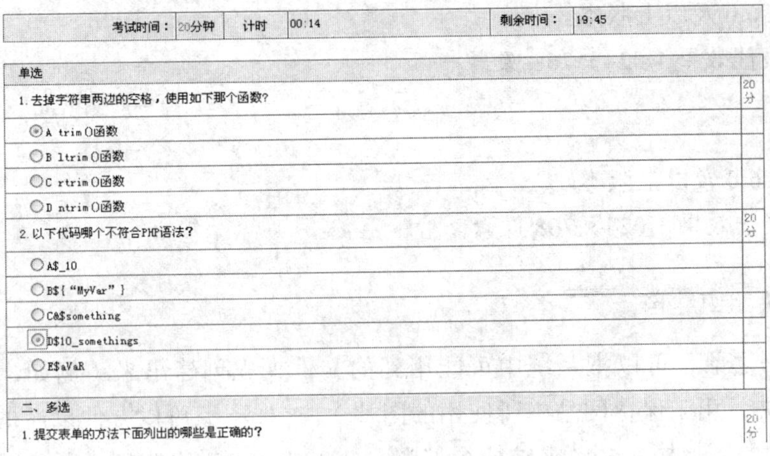

图 3-3-5　在线考试页面（ksks.php）

考题类别管理页面如图 3-3-6 所示，该页面主要用于实现显示考题类别的基本信息、添加考题类别和删除考题类别等功能。考题信息管理页面如图 3-3-7 所示，该页面主要用于管理考试题目信息。

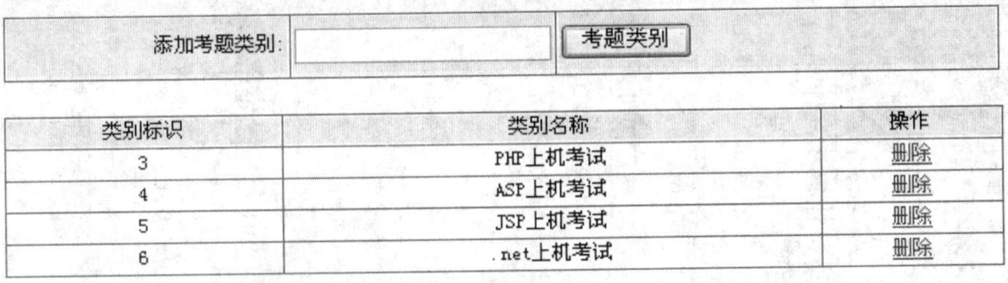

图 3-3-6　考题类别管理（ktlb_gl.php）

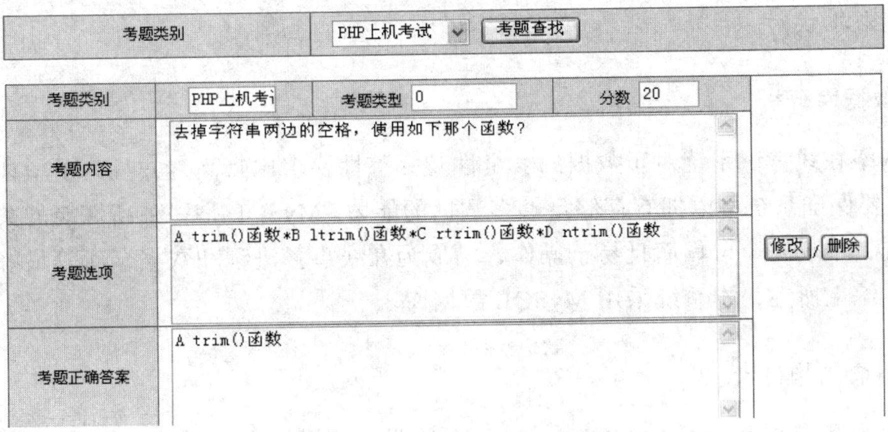

图 3-3-7　考题信息管理（ktxx_gl.php）

3.5 开发环境

1. 服务器端

操作系统：Windows XP。

开发工具：WAMP5。

浏览器：IE6.0 及以上版本。

分辨率：最佳效果 1 024×768 像素。

2. 客户端

浏览器：IE6.0 及以上版本。

分辨率：最佳效果 1 024×768 像素。

3.6 文件夹组织结构

在编写代码之前，可以把系统中可能用到的文件夹先创建出来（例如，创建一个名为 images 的文件夹，用于保存网站中所使用的图片），这样不但可以方便以后的开发工作，也可以规范网站的整体架构。文件夹结构图如图 3-3-8 所示，在开发时，只需要将所创建的文件保存在相应的文件夹中即可。

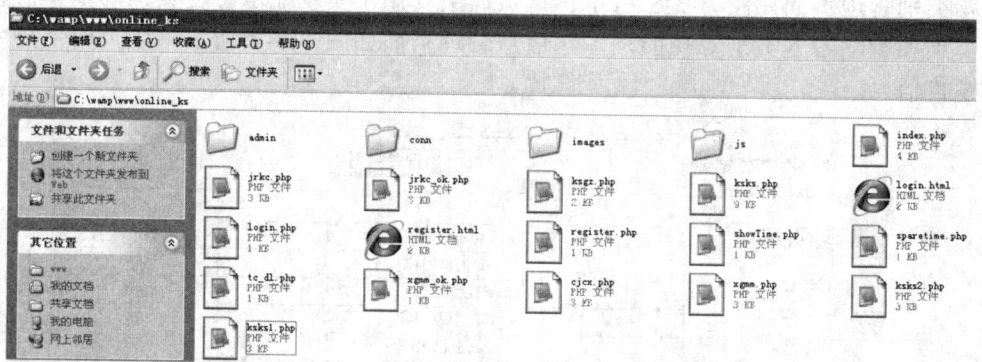

图 3-3-8　网络在线考试系统的文件夹组织结构

4 数据库设计

4.1 数据库分析

由于网络在线考试系统对于数据的安全性及完整性要求比较高，并且为了增加程序的适用范围，还要保证系统可以拥有存储足够多数据的能力。MySQL 是一种高性能的关系型数据库管理系统，不仅安全可靠而且易于操作，已成为在线事务进程和数据仓库等最好的数据库平台之一，综上所述，本系统采用 MySQL 数据库。

4.2 概念结构设计

根据以上各节对系统所做的需求分析、系统设计，规划出本系统使用的数据库实体分别为考生信息实体、管理员实体、考题类别实体和考题信息实体，下面将介绍这几个实体的 E-R 图。

1. 考生信息实体

考生信息实体包括编号、考生姓名、联系方式、准考证号、考试成绩、考题类别、考试时间、联系地址、考试状态和考生密码等属性，考生信息实体的 E-R 图如图 3-4-1 所示。

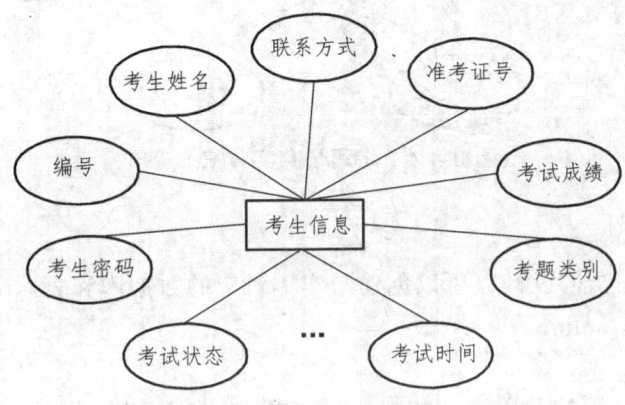

图 3-4-1　考生信息实体 E-R 图

2. 管理员实体

管理员实体包括编号、管理员名称和密码属性，管理员实体的 E-R 图如图 3-4-2 所示。

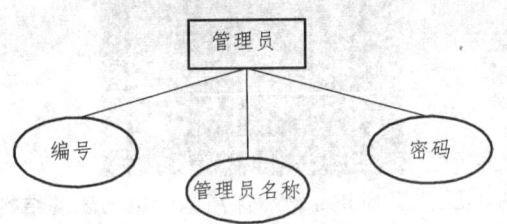

图 3-4-2　管理员实体 E-R 图

3. 考题类别实体

考题类别实体包括编号和考题类别名称，考题类别实体的 E-R 图如图 3-4-3 所示。

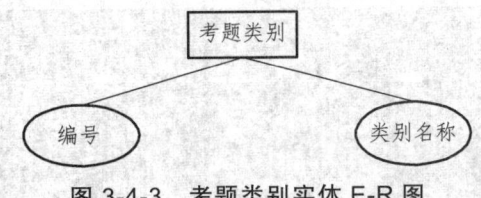

图 3-4-3　考题类别实体 E-R 图

4. 考题信息实体

考题信息实体包括编号、考题类别、考题分数、考题内容、考题选项、考题正确答案及考题所属套题等属性，考试题目实体的 E-R 图如图 3-4-4 所示。

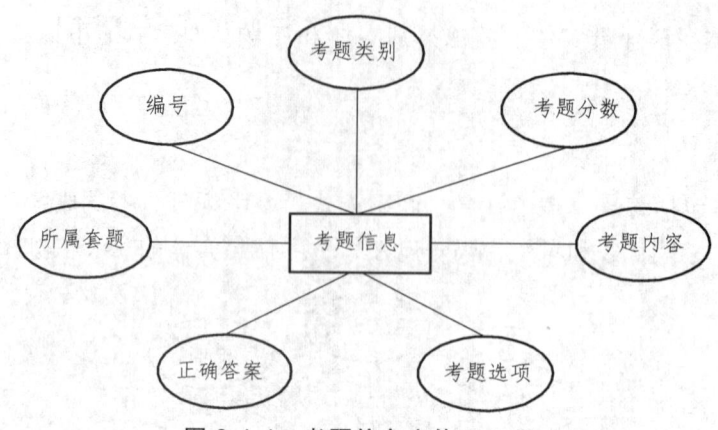

图 3-4-4 考题信息实体 E-R 图

4.3 物理结构设计

根据 4.2 节的概念结构设计,可以创建与实体对应的数据库和表。

create database db_online;

use db_online;

为了使读者对本系统的数据库的结构有一个更清晰的认识,下面给出数据库中所包含的数据表的结构图,如图 3-4-5 所示。

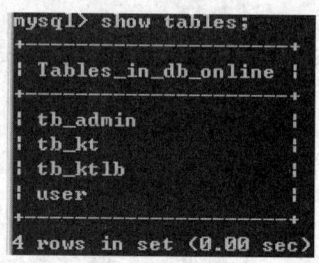

图 3-4-5 db_online 数据库所包含数据表的结构图

本系统共包含 4 张表,下面进行详细介绍。

1. user(考生信息表)

考生信息表用来保存考生信息,该表结构如图 3-4-6 所示。

图 3-4-6 考生信息表结构

注册时添加数据代码：
```
create table user
(
    id int(4) not null auto_increment primary key,
    user varchar(50),
    tel varchar(50),
    number varchar(50),
    grade int(4),
    subject varchar(50),
    date date,
    address varchar(100),
    pt int(4),
    pass varchar(50)
);
```

2. tb_admin（管理员信息表）

管理员信息表用来保存管理员的用户名和密码，该数据表结构如图 3-4-7 所示。

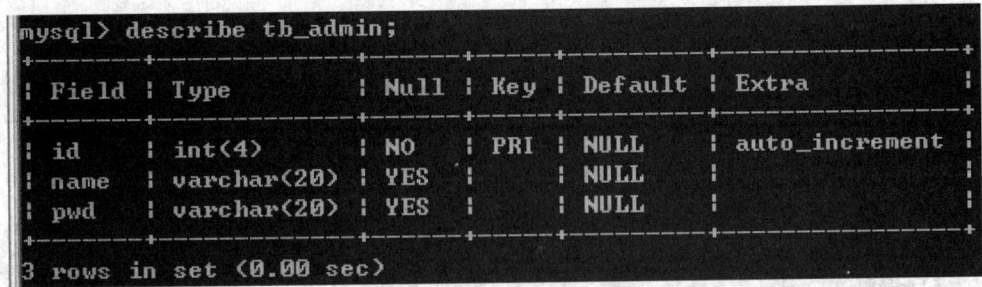

图 3-4-7　管理员信息表结构

创建表语句如下：
```
use db_online;
create table tb_admin
(
    id int(4) not null auto_increment primary key,
    name varchar(20),
    pwd varchar(20)
);
insert into tb_admin values(null, 'lys', '1234');
select * from tb_admin;
```

3. tb_ktlb（考题类别信息表）

考题类别信息表用来保存考题类别，该表结构如图 3-4-8 所示。

```
mysql> describe tb_ktlb;
+------------+-------------+------+-----+---------+----------------+
| Field      | Type        | Null | Key | Default | Extra          |
+------------+-------------+------+-----+---------+----------------+
| ktlb_id    | int(4)      | NO   | PRI | NULL    | auto_increment |
| online_ktlb| varchar(50) | YES  |     | NULL    |                |
+------------+-------------+------+-----+---------+----------------+
2 rows in set (0.00 sec)
```

图 3-4-8 考题类别信息表结构

创建表语句如下：
use db_online;
create table tb_ktlb
(
  ktlb_id int(4) not null auto_increment primary key,
  online_ktlb varchar(50)
);
insert into tb_ktlb values(null，'PHP 上机考试')；
insert into tb_ktlb values(null，"ASP 上机考试")；
insert into tb_ktlb values(null，'JSP 上机考试')；
insert into tb_ktlb values(null，'.net 上机考试')；
select * from tb_ktlb;

4. tb_kt（考题信息表）

考题信息表用来保存考试题目信息和考题答案等相关信息，该数据表结构如图 3-4-9 所示。

```
mysql> describe tb_kt;
+-------------+---------------+------+-----+---------+----------------+
| Field       | Type          | Null | Key | Default | Extra          |
+-------------+---------------+------+-----+---------+----------------+
| kt_id       | int(4)        | NO   | PRI | NULL    | auto_increment |
| kt_lb       | varchar(50)   | YES  |     | NULL    |                |
| kt_lx       | int(4)        | YES  |     | NULL    |                |
| kt_fs       | int(4)        | YES  |     | NULL    |                |
| kt_nr       | varchar(2000) | YES  |     | NULL    |                |
| kt_daan     | varchar(2000) | YES  |     | NULL    |                |
| kt_zqdaan   | varchar(2000) | YES  |     | NULL    |                |
| kt_small_lb | varchar(50)   | YES  |     | NULL    |                |
+-------------+---------------+------+-----+---------+----------------+
8 rows in set (0.00 sec)
```

图 3-4-9 考题信息表结构

创建表语句如下：
use db_online;
create table tb_kt
(
  kt_id int(4) not null auto_increment primary key,

kt_lb varchar(50),
　　kt_lx int(4),
　　kt_fs int(4),
　　kt_nr varchar(2000),
　　kt_daan varchar(2000),
　　kt_zqdaan varchar(2000),
　　kt_small_lb varchar(50)
);

insert into tb_kt(kt_lb, kt_lx, kt_fs, kt_nr, kt_daan, kt_zqdaan, kt_small_lb) values('PHP 上机考试', 0, 20, '去掉字符串两边的空格,使用如下那个函数？', 'A trim()函数*B ltrim()函数*C rtrim()函数*D ntrim()函数', 'A trim()函数', '第一套题');

insert into tb_kt(kt_lb, kt_lx, kt_fs, kt_nr, kt_daan, kt_zqdaan, kt_small_lb) values('PHP 上机考试', 0, 20, '以下代码哪个不符合 PHP 语法？', 'A$_10*B${"MyVar"}*C&$something*D$10_somethings*E$aVaR', 'D$10_somethings', '第一套题');

insert into tb_kt(kt_lb, kt_lx, kt_fs, kt_nr, kt_daan, kt_zqdaan, kt_small_lb) values('PHP 上机考试', 1, 20, '提交表单的方法下面列出的哪些是正确的？', 'A Session 对象*B GET 方法*C GET 方法*D Cookie 方法', 'B GET 方法*C GET 方法', '第一套题');

insert into tb_kt(kt_lb, kt_lx, kt_fs, kt_nr, kt_daan, kt_zqdaan, kt_small_lb) values('PHP 上机考试', 1, 20, '你在向某台特定的计算机中写入带有效期的 cookie 时总是会失败,而这在其他计算机上都正常。在检查了客户端操作系统传回的时间后,你发现这台计算机上的时间和 web 服务器上的时间基本相同。而且这台计算机在访问大部分其他网站时都没有问题。请问这会是什么原因导致的？', 'A 浏览器的程序出问题了*B 客户端的时区设置不正确*C 用户的杀毒软件阻止了所有安全的 cookie*D 浏览器被设置为阻止任何 cookie', 'B 客户端的时区设置不正确*D 浏览器被设置为阻止任何 cookie', '第一套题');

insert into tb_kt(kt_lb, kt_lx, kt_fs, kt_nr, kt_daan, kt_zqdaan, kt_small_lb) values('PHP 上机考试', 2, 20, '列举出 PHP 中 4 个常用的引用语句。', '', 'include 函数、include_once()函数、require()函数、require_once()函数', '第一套题');

insert into tb_kt(kt_lb, kt_lx, kt_fs, kt_nr, kt_daan, kt_zqdaan, kt_small_lb) values('PHP 上机考试', 3, 20, 'PHP 指的是什么？', '', 'PHP Hypertext Preprocessor。', '第一套题');

select * from tb_kt;

5　前台首页设计

5.1　概　述

前台首页主要用于实现前台功能导航,该页面主要包括考生注册、考生登录、修改密码、成绩查询、进入考场和退出信息 6 个导航链接,如图 3-5-1 所示。

图 3-5-1 前台首页

前台首页代码为：

```php
<?php
   //index.php
   session_start();
   $online=$_GET[online]; //php.ini 中 register_globals = Off,
                   //这时必须用$_GET[online]获取查询参数！
?>
<html>
  <head>
     <meta http-equiv="Content-Type" content="text/html; charset=gb2312">
     <title>前台首页</title>
     <style type="text/css">
       <!--
         body {margin-left: 0px; margin-top: 0px; margin-right: 0px; margin-bottom: 0px; }
         .style6 {color: #FFFFFF}
         .STYLE7 {color: #FFFFFF; font-size: 12px; }
       -->
     </style>
  </head>
  <body>

     <table width="1002" border="0" cellspacing="0" cellpadding="0">
       <tr>
         <td><img src="images/bg_1.jpg" width="1002" height="72" border="0" usemap="#Map"></td>
```

```
      </tr>
    </table>

    <table width="1002" border="0" cellspacing="0" cellpadding="0">
      <tr>
        <td><img src="images/bg_2.jpg" width="1002" height="142"></td>
      </tr>
    </table>

    <table width="1002" height="143" border="0" cellpadding="0" cellspacing="0">
      <tr>
        <td width="111" valign="top" bgcolor="#F0EFEB"> </td>
        <td width="778" valign="top" bgcolor="#F0EFEB">
          <table width="778" border="0" align="center" cellpadding="0" cellspacing="0">
            <tr>
              <td height="26" background="images/bg_4.jpg">
                <table width="100%"  border="0" cellspacing="0" cellpadding="0">
                  <tr>
                    <td width="30%"> </td>
                    <td width="70%" height="26"><span class="STYLE7">当前位置：在线考试系统 &gt; <?php echo $online;?></span></td>
                  </tr>
                </table>
              </td>
            </tr>
            <tr>
              <td height="350" align="center" valign="top" bgcolor="#FFFFFF">
                <?php
                   switch($online)
                   {
                 case "用户注册":
                       include("register.html");
                  break;
                 case "用户登录":
                include("login.html");
                  break;
                 case "修改密码":
                include("xgmm.php");
                  break;
```

```
                    case "成绩查询":
                 include("cjcx.php");
                    break;
                    case "进入考场":
                 include("ksgz.php");
                    break;
                    case "选择考题":
                 include("jrkc.php");
                    break;
                    case "开始考试":
                 include("ksks.php");
                    break;
                    case "":
                 include("login.html");
                    break;
                 }//switch
               ?>
             </td>
          </tr>
          <tr>
             <td><img src="images/bg_7.jpg" width="778" height="24"></td>
          </tr>
        </table>
      </td>
      <td width="113" valign="top" bgcolor="#F0EFEB"> </td>
    </tr>
  </table>
  <map name="Map">
    <area shape="rect" coords="356, 30, 419, 52" href="index.php?online=用户注册">
    <area shape="rect" coords="443, 30, 508, 50" href="index.php?online=用户登录">
    <area shape="rect" coords="529, 31, 599, 52" href="index.php?online=修改密码">
    <area shape="rect" coords="618, 29, 680, 53" href="index.php?online=成绩查询">
    <area shape="rect" coords="706, 29, 773, 53" href="index.php?online=进入考场">
    <area shape="rect" coords="795, 29, 853, 52" href="tc_dl.php">
  </map>
 </body>
</html>
```

5.2 技术分析

PHP 可以通过 mysql_connect()函数连接 MySQL 数据库，代码如下：

```php
<?php
  //conn.php
  $conn=mysql_connect("localhost", "root", "");  //WAMP 默认密码为空
  //mysql_connect()函数打开非持久的 MySQL 连接。
  //如果成功，则返回一个 MySQL 连接标识，失败则返回 FALSE。
  if(!$conn)
  {
    echo mysql_error();
    exit;
  }
  $sel=mysql_select_db("db_online", $conn);
  //mysql_select_db()函数设置活动的 MySQL 数据库。
  //如果成功，则该函数返回 true。如果失败，则返回 false。
  if(!$sel)
  {
    echo mysql_error();
    exit;
  }
?>
```

5.3 实现过程

网络在线考试系统前台首页主要实现了考生登录功能，考生通过准考证号和密码进行登录，如图 3-5-2 所示。

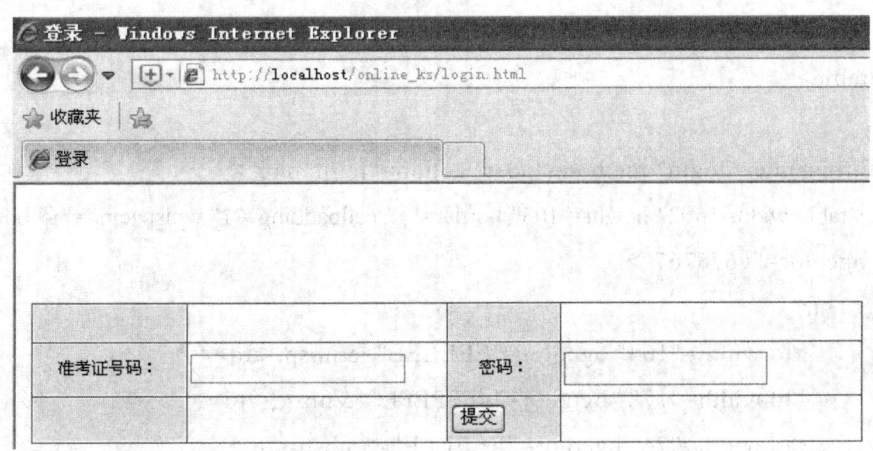

图 3-5-2　登录页面

考生登录页面中所涉及的重要表单元素如表 3-5-1 所示。

表 3-5-1 考生登录页面所涉及的重要表单元素

名称	元素类型	重要属性	含义
login	form	method="post" action="login.php"	表单
number	text	id="number" size="20"	准考证号码
pass	password	id="pass" size="20"	考生密码
submit	submit	value="提交"	"提交"按钮

代码如下：

```html
<!--
  //login.html
-->
<html>
  <head>
    <meta http-equiv="Content-Type" content="text/html; charset=gb2312" />
    <title>登录</title>
    <style type="text/css">
      <!--
        .STYLE1 {font-size: 12px}
      -->
    </style>
  </head>
  <body>
    <table width="500" height="50" border="0" cellpadding="0" cellspacing="0">
      <tr><td> </td></tr>
    </table>

    <form name="login" method="post" action="login.php">
      <table width="592" height="103" border="1" cellpadding="1" cellspacing="1" bordercolor="#FFFFFF" bgcolor="#676767">
        <tr>
          <td width="104" bgcolor="EEEEEE"> </td>
          <td width="178" bgcolor="#FFFFFF"> </td>
          <td width="74" bgcolor="EEEEEE"> </td>
          <td width="208" bgcolor="#FFFFFF"> </td>
        </tr>
```

```html
          <tr>
            <td align="center" bgcolor="EEEEEE"><span class="STYLE1">准考证号码：</span></td>
            <td bgcolor="#FFFFFF"><input name="number" type="text" id="number" size="20" /></td>
            <td align="center" bgcolor="EEEEEE"><span class="STYLE1">密码：</span></td>
            <td bgcolor="#FFFFFF"><input name="pass" type="password" id="pass" size="20" /></td>
          </tr>
          <tr>
            <td bgcolor="EEEEEE"> </td>
            <td bgcolor="#FFFFFF"> </td>
            <td bgcolor="EEEEEE"><input type="submit" name="Submit" value="提交" /></td>
            <td bgcolor="#FFFFFF"> </td>
          </tr>
        </table>
      </form>
    </body>
</html>
```

考生在考生登录页面录入正确的准考证号和密码后，单击"提交"按钮，提交表单信息到数据处理页，应用 mysql_query() 函数检索考生，如果查询结果为真，则将准考证号存储在 session 变量中，否则弹出提示信息，代码如下：

```php
<?php
    //login.php
    include("conn/conn.php");
    $number=$_POST[number];
    $pass=$_POST[pass];
    $sql="select * from user where number='$number' and pass='$pass';";
    $query=mysql_query($sql);
    /*mysql_query()函数执行一条 MySQL 查询。返回一个资源标识符，如果查询执行不正确则返回 FALSE。*/
    if(!$query)
    {
```

```
        echo mysql_error();
        exit;
    }
    if(mysql_num_rows($query)>0)
    {
        //mysql_num_rows()函数返回结果集中行的数目。
        session_register(number); //在整个域范围内增加一个session变量
        echo "<script>alert('登录成功!'); window.location.href='index.php?online=进入考场';</script>";
    }
    else
    {
        echo "登录失败!";
    }
?>
```

6 考生信息模块设计

6.1 概述

考生信息模块主要包括考生注册、考生登录、修改密码 3 个功能。考生首先要注册为网站用户，然后才被授权登录网站进行一系列操作的权限，登录后，考生还可以修改个人的密码，考生信息模块的系统流程如图 3-6-1 所示。

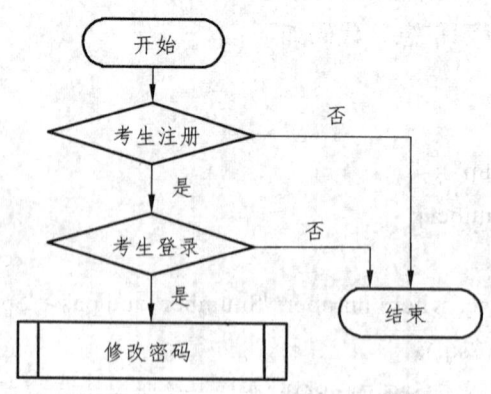

图 3-6-1 考生信息模块的系统流程图

6.2 技术分析

在考生注册信息模块中应用到 Ajax 无刷新技术获取考生的准考证号码和密码。

6.3 实现过程

在网络在线考试系统首页，单击"考生注册"超链接，即可进入考生注册页面，输入个人资料后，单击"注册"按钮，系统将根据输入的个人资料自动生成准考证号和考生密码，如图 3-6-2 所示。

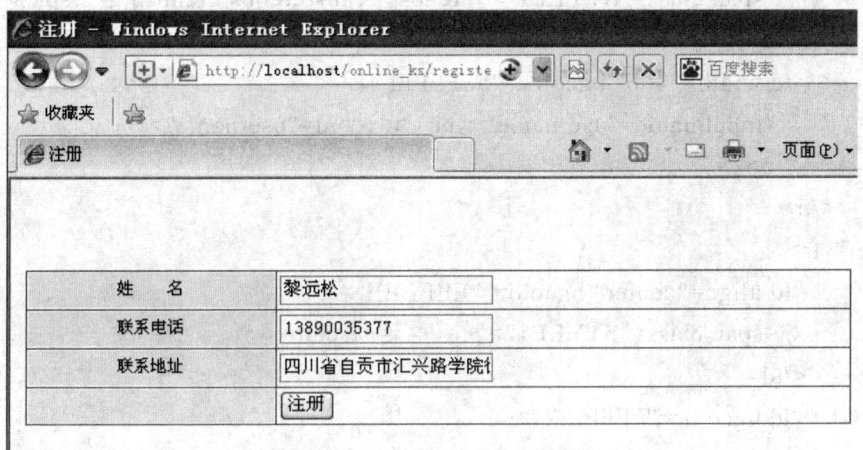

图 3-6-2　考生注册页面的运行结果

在考生注册页面 register.html 页中实现考生注册信息的提交，并且通过 Ajax 的页面无刷新技术获取考生的准考证号和密码，代码如下：

```html
<html>
  <head>
    <!--
      register.html
    -->
    <meta http-equiv="Content-Type" content="text/html; charset=gb2312" />
    <title>注册</title>
    <style type="text/css">
    <!--
      .STYLE1 {font-size: 12px}
    -->
    </style>
  </head>
<script type="text/javascript" src="js/register.js"></script>
<body>
  <form name="register" method="post">
    <table width="500" height="50" border="0" cellpadding="0" cellspacing="0">
      <tr><td> </td></tr>
    </table>
```

```html
        <table width="593" border="1" cellpadding="1" cellspacing="1" bordercolor="#FFFFFF" bgcolor="#676767">
          <tr>
            <td width="174" align="center" bgcolor="EEEEEE">
              <span class="STYLE1">姓    名</span>
            </td>
            <td width="406" bgcolor="#FFFFFF">
              <input name="username" type="text" id="username">
            </td>
          </tr>
          <tr>
            <td align="center" bgcolor="EEEEEE">
              <span class="STYLE1">联系电话</span>
            </td>
            <td bgcolor="#FFFFFF">
              <input name="tel" type="text" id="tel" />
            </td>
          </tr>
          <tr>
            <td align="center" bgcolor="EEEEEE">
              <span class="STYLE1">联系地址</span>
            </td>
            <td bgcolor="#FFFFFF">
              <input name="address" type="text" id="address">
            </td>
          </tr>
          <tr>
            <td bgcolor="EEEEEE"> </td>
            <td bgcolor="#FFFFFF">
              <input type="button" name="submit" value="注册" onClick="process()">
            </td>
          </tr>
        </table>
      </form>
      <div id="divMessage" />
    </body>
</html>
```

在 register.js 文件中首先定义一个 createXmlHttpRequestObject()对象，并获取 XMLHttpRrequest 对象，然后定义 xmlHttp 用来存储将要使用的 XMLHttpRrequest 对象，然后使用 XMLHttpRequest

对象创建异步 Http 请求，定义函数 process()，对表单中提交的数据进行判断，并且获取表单中输入的信息，在服务器端执行 register.php 文件，向服务器发送请求，最后获取从服务器端返回的消息，代码如下：

```
//定义 XMLHttpRrequest 对象
var xmlHttp=createXmlHttpRequestObject();

//获取 XMLHttpRrequest 对象
function createXmlHttpRequestObject()
{
   //用来存储将要使用的 XMLHttpRrequest 对象
   var xmlHttp;
   //如果在 internet Explorer 下运行
   if(window.ActiveXObject)
   {
     try
     {
        xmlHttp=new ActiveXObject("Microsoft.XMLHTTP");
     }
     catch(e)
     {
        xmlHttp=false;
     }
   }//if
   else
   {
     //如果在 Mozilla 或其他的浏览器下运行
     try
     {
        xmlHttp=new XMLHttpRequest();
     }
     catch(e)
     {
        xmlHttp=false;
     }
   }//else

   //返回创建的对象或显示错误信息
   if(!xmlHttp)
      alert("创建 XMLHttpRrequest 对象失败!");
```

```
    else
        return xmlHttp;
}//createXmlHttpRequestObject

//使用 XMLHttpRequest 对象创建异步 HTTP 请求
function process()
{
    if(register.username.value=="")
    {
        alert("请输入姓名!");
        register.username.select();
        return(false);
    }

    if(register.tel.value=="")
    {
        alert("请输入电话号码! ");
        register.tel.select();
        return(false);
    }

    if(checkphone(register.tel.value)!=true)
    {
        alert("您输入的电话号码的格式不正确! ");
        register.tel.select();
        return(false);
    }

    if(register.address.value=="")
    {
        alert("请输入联系地址! ");
        register.address.select();
        return(false);
    }

    //在 xmlHttp 对象不忙时进行处理
    if(xmlHttp.readyState==4 || xmlHttp.readyState==0)
    {
        //获取用户在表单中输入的姓名
```

```
        names = document.getElementById("username").value;
        tels = document.getElementById("tel").value;
        addresss =document.getElementById("address").value;
        //在服务器端执行 register.php
        xmlHttp.open("GET", "register.php?user="+names+"& tel="+tels+"& address="+addresss,
true);
        //定义获取服务器端响应的方法
        xmlHttp.onreadystatechange=handleServerResponse;
        //向服务器发送请求
        xmlHttp.send(null);
    }
    else
        setTimeout('process()', 1000); //如果服务器忙，1秒后重试
}//process

//当收到服务器端的消息时自动执行
function handleServerResponse()
{
    //在处理结束时进入下一步
    if(xmlHttp.readystate==4)
    {
        //状态为 200 表示处理成功结束
        if(xmlHttp.status==200)
        {
            //获取服务器端发来的 XML 信息
            xmlResponse=xmlHttp.responseXML;
            //获取 XML 中的文档对象(根对象)
            xmlDocumentElement=xmlResponse.documentElement;
            //获取第一个文档子元素的文本信息
            helloMessage=xmlDocumentElement.firstChild.data;
            //使用从服务器端发来的消息更新客户端显示的内容
            document.getElementById("divMessage").innerHTML='<i>'+helloMessage+'</i>';
            //重新开始
            setTimeout('process()', 1000);
        }
        else
        {
            //如果 HTTP 的状态不是 200 表示发生错误
            alert("There was a problem accessing the server:"+xmlHttp.statusText);
```

```
        }
    }
}//handleServerResponse

//验证电话号码的格式是否正确
function checkphone(tel)
{
    var str=tel;
    var Expression=/^(\d{3}-)(\d{8})$|^(\d{4}-)(\d{7})$|^(\d{4}-)(\d{8})$|^(\d{11})$/;
    var objExp=new RegExp(Expression);
    if(objExp.test(str)==true)
    {
        return true;
    }
    else
    {
        return false;
    }
}//checkphone
```

register.php 文件在服务器端被执行，将获取到的用户信息和随机生成的准考证号、密码添加到数据库中，并且将准考证号和密码返回到考生注册页面中，代码如下：

```
<?php
//register.php
//创建一个 XML 格式输出
header('Content-Type: text/xml');
//创建 XML 头
echo '<?xml version="1.0" encoding="gb2312" standalone="yes" ?>';
//创建<response>元素
echo '<response>';
//获取用户姓名
$tel=$_GET[tel];//PHP 使用$_GET 预定义变量自动保存通过 get 方法传过来的值
$address=$_GET[address];
$number=substr(mt_rand(100000, 999999), 0, 6);
$pass=substr(mt_rand(100000, 999999), 0, 6);
//根据从客户端获取的用户创建输出
include("conn/conn.php");
$query=mysql_query("insert into user(user, tel, address, number, pass) values('$user', '$tel', '$address', '$number', '$pass')");
if($query==true)
```

```
    {
        echo $user=$_GET[user];
        echo "用户注册成功,这是您的准考证号码{$number}和密码{$pass}";
    }
    //关闭<response>元素
    echo '</response>';
?>
```

6.4 单元测试

在应用 Ajax 技术实现在线考试的用户注册模块后,为保证程序能够正常运行,必须对其进行测试。但运行考生注册模块后,发现没有运行结果。

经过反复测试和查找发现,问题不是出现在 register.js 文件中,因为在该文件中自定义函数 process()是可以运行的,所以问题应该是出现在对服务器返回的信息进行输出中,即 register.php 文件中。对该文件进行单元测试,即通过 IE 直接发送同步请求(http://localhost/online_ks/register.php),发现 register.php 在服务器端没能正确执行,从而导致客户端没有运行结果。

7 在线考试模块设计

7.1 概 述

在线考试模块的主要功能是允许考生在网站上针对指定的课程进行考试。在该模块中,考生首先需要登录到本系统中,阅读考试规则,在同意所列出的考试规则后,才能选择考试类别和套题,然后进入考试页面进行答题,当考生提交试卷或者到达考试结束时间时,系统将自动对考生提交的试卷进行评分,并给出最终考试成绩,其流程如图 3-7-1 所示。

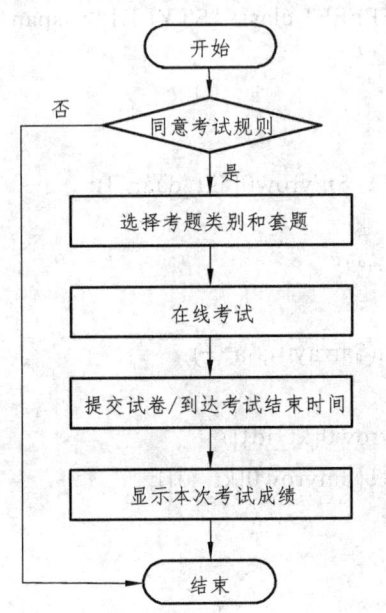

图 3-7-1 在线考试模块的系统流程图

7.2 技术分析

在线考试模块中最核心的功能是如何输出考题、如何对提交的答案进行判断，并且将答案输出到当前页中，这是在线考试最关键之处，下面就讲解一下该技术的实现方法。

由于上述 3 方面的内容都是在同一页面中显示，所以在技术实现过程中这 3 个方面的内容是以一个整体形式出现，这里以单选题为例。

首先以上一页（jrkc.php）表单中提交的值为条件，执行查询语句，通过 while 循环语句输出查询结果，然后根据输出的查询结果创建单选按钮组，生成考题，最后，将考题答案提交到本页，对提交的答案与数据库中存储的参考答案进行比较，并且将答案输出到本页中，代码如下：

```php
<!--ksks1.php-->
<tr><td height="20" colspan="2" bgcolor="#EEEEEE" class="STYLE1">  单选</td></tr>
<?php
    $sql="select * from tb_kt where kt_lb='$kt_lbes' and kt_lx='0' and kt_small_lb='$kt_small_lb';";
    $query0=mysql_query($sql);
    $x=1;
    $fen0=0;
    while($myrow0=mysql_fetch_array($query0))
    {
?>
        <tr><td width="443" height="20" bgcolor="#FFFFFF" class="STYLE1">  <?php echo $x.".".$myrow0["kt_nr"]?></td>
            <td bgcolor="#FFFFFF" class="STYLE1"><span class="STYLE4"><?php echo $myrow0[kt_fs];?>分</span></td>
        </tr>
<?php
        $array0=explode("*", $myrow0["kt_daan"]);

        if($_POST[Submit]!="")
        {
            for($a=0;$a<count($array0);$a++)
            {
                if($_POST[$myrow0[kt_id]])
                    $str0=$_POST[$myrow0[kt_id]];
            }//for
        }//if
```

```php
            for($a=0;$a<count($array0);$a++)
            {
        ?>
            <tr><td height="20" bgcolor="#FFFFFF" class="STYLE1">  
                <input type="radio" name="<?php echo $myrow0[kt_id];?>" value="<?php echo $array0[$a];?>"><?php echo $array0[$a];?>
                </td>
                <td bgcolor="#FFFFFF" class="STYLE1">  
                <?php
                    if($_POST[$myrow0[kt_id]]==true)//表示此项选了，并且提交了
                    {
                        if($a==0)
                            if($myrow0["kt_zqdaan"]==$str0)
                            {
                                echo "您输入的答案 ";
                                echo "<font color='#FF0000'>".substr($str0，0，1)."</font>";
                                echo " 正确  分数:";
                                echo "<font color='#FF0000'>".$myrow0[kt_fs]."</font>";
                                $fen0+=$myrow0["kt_fs"];
                            }//if
                            else
                            {
                                echo "您输入的答案 ";
                                echo "<font color='#FF0000'>".substr($str0，0，1)."</font>";
                                echo " 错误  ";
                                echo " 正确答案: <font color='#FF0000'>".substr($myrow0[kt_zqdaan]，0，1)."</font>" ;
                            }//else
                    }//if
                    echo "</td></tr>";
            }//for，对每一选项循环一次，选项编号存于数据库，故不需要处理
        $x++;//下一题的编号
    }//while，对每一道单选题循环一次
?>
```

7.3 实现过程

在线答题是本项目中最核心的技术，也是本系统开发的最终目的。在线答题模块的主要功能是实现在线考试，在当前页面中输出考题答案和考试成绩，并且采用计时控制考试时间，

如果考试超过考试时间则系统自动提交考题答案，并给出考试成绩。考试时间计时和剩余时间的计算是应用 Ajax 技术来实现的，有关该技术的实现方法可以参考开发技巧与难点分析中的通过 Ajax 技术实现计时与显示剩余时间一节。

在线答题技术中对单选题的处理方法已经在技术分析中进行了详细的分析，下面分析在线答题中多选题的处理方法，其实现的原理与单选题是相同的，只是在输出考题的答案时使用的是复选框，不再是单选按钮组，并且在对复选框名称进行设置时增加一个变量来对不同考题的答案进行区分。

首先从数据库中读取数据，定义输出考题时应用到的变量值，并且输出考题的编号和内容；然后对表单中提交的答案进行处理，将表单提交的答案写入到一个空数组$array_a1 中；接着创建考题提交的复选框，根据考题的 ID 和变量$I 定义复选框的名称；最后对提交的答案进行判断，其中主要应用的是 explode()、list()和 substr()函数来实现答案的判断和输出。

```php
<?php
    //ksks2.php
    function f($str1)
    {
      $a=explode("*", $str1);
      for($i=0;$i<count($a);$i++)
      {
         list($key, $value)=each($a);//each()函数返回当前元素的键名和键值，并将内部指针向前移动。
         echo "<font color='#FF0000'>".substr($value, 0, 1)."</font>";
      }//for
    }//f
?>
<tr><td height="20" bgcolor="#FFFFFF" class="STYLE1"> </td><td bgcolor="#FFFFFF" class="STYLE1"> </td></tr>
  <tr><td height="20" colspan="2" bgcolor="#EEEEEE" class="STYLE1">  二、多选</td></tr>
  <?php
    $sql="select * from tb_kt where kt_lb='$kt_lbes' and kt_lx='1' and kt_small_lb='$kt_small_lb';"; //从数据库中读取数据
    $query1=mysql_query($sql);
    $y=1; //定义输出考题时应用到的变量值
    $fen1=0;
    while($row=mysql_fetch_array($query1))
    { ?>
      <tr><td height="20" bgcolor="#FFFFFF" class="STYLE1">  <?php echo $y.".".$row["kt_nr"]?></td><td bgcolor="#FFFFFF" class="STYLE1"><span class="STYLE4"><?php echo $row[kt_fs];?>分</span></td></tr> <!--输出考题的编号和内容-->
```

```php
<?php
    $flag=0;
    $array1=explode("*", $row["kt_daan"]); //$array1用于存储试题各选项
    $array_a1=array(); //$array_a1用于存储用户的选择
    if($_POST[Submit]!="")
    {
        for($i=0;$i<count($array1);$i++)
        {
            //对表单中提交的答案进行处理，将表单提交的答案写入到一个空数组中
            if($_POST[$row[kt_id]."-".$i]!="")
                array_push($array_a1, $_POST[$row[kt_id]."-".$i]);
        }//for
    }//if
    $str1=implode("*", $array_a1);
    for($i=0;$i<count($array1);$i++)
    { ?>
        <tr><td height="20" bgcolor="#FFFFFF" class="STYLE1">  <input type='checkbox' name='<?php echo $row[kt_id]."-".$i?>' value='<?php echo $array1[$i];?>'>
        <?php echo $array1[$i];?></td><td bgcolor="#FFFFFF" class="STYLE1"> 
        <!--创建考题提交的复选框，根据考题的ID和变量$I定义复选框的名称-->
        <?php
            if($_POST[Submit]==true && $_POST[$row[kt_id]."-".$i]==true && $flag==0)
            {
                if($row["kt_zqdaan"]==$str1) //对提交的答案进行判断
                {
                    echo "您输入的答案 ";
                    f($str1);
                    echo " 正确  分数:";
                    echo "<font color='#FF0000'>".$row[kt_fs]."</font>";
                    $fen1+=$row["kt_fs"];
                }//if
                else
                {
                    echo "您输入的答案 ";
                    f($str1);
                    echo " 错误  正确答案: ";
                    f($row[kt_zqdaan]);
                }//else
                $flag=1;
```

```
            }//if
        ?></td></tr><?php
        }//for
    $y++;
    }//while
?>
```

在线考试模块中不但完成考试的答题和判卷的操作，而且可以直接对考试的分数进行统计，获取考生的最终得分，将考生的成绩保存到数据库中，并且更改数据库中考生的考试信息，说明该考生已经完成本次考试，不可以再进行本类别的考试，代码如下：

```
<?php
//ksks.php
session_start();
include("conn/conn.php");
if($_SESSION[number]!="")
{
    $kt_lbes=$_POST[kt_lbes];
    $kt_small_lb=$_POST[kt_small_lb];
    $sql="select * from user where number='$_SESSION[number]' and pt='1';";
    $query=mysql_query($sql);
    $result=mysql_num_rows($query);
    if($result==0)
    {
?>
    <html>
        <head>
            <meta http-equiv="Content-Type" content="text/html; charset=gb2312" />
            <title>开始考试 ksks.php</title>
            <style type="text/css">
                <!--
                    .STYLE4 {color: #FF0000}
                    .STYLE1 {font-size: 12px}
                -->
            </style>
            <script language=javascript>
                function keydown()
                {
                    if(event.keyCode==8)
                    {
                        event.keyCode=0;
```

```javascript
            event.returnValue=false;
            alert("当前设置不允许使用退格键");
        }
        if(event.keyCode==13)
        {
            event.keyCode=0;
            event.returnValue=false;
            alert("当前设置不允许使用回车键");
        }
        if(event.keyCode==116)
        {
            event.keyCode=0;
            event.returnValue=false;
            alert("当前设置不允许使用 F5 刷新键");
        }
        if((event.altKey) && ((window.event.keyCode==37) || (window.event.keyCode==39)))
        {
            event.returnValue=false;
            alert("当前设置不允许使用 Alt+方向键←或方向键→");
        }
        if((event.ctrlKey) && (event.keyCode==78))
        {
            event.returnValue=false;
            alert("当前设置不允许使用 Ctrl+n 新建 IE 窗口");
        }
        if((event.shiftKey) && (event.keyCode==121))
        {
            event.returnValue=false;
            alert("当前设置不允许使用 shift+F10");
        }
    }
</script>
<script language=javascript>
    function click()
    {
        event.returnValue=false;
        alert("当前设置不允许使用右键！");
    }
```

```html
           document.oncontextmenu=click;
        </script>
      </head>
      <body onkeydown="keydown()">
        <table width="750" height="30" border="1" cellpadding="1" cellspacing="1" bordercolor="#FFFFFF" bgcolor="#666666">
          <tr>
            <td width="165" height=23 align=right nowrap bgcolor="#EEEEEE">
              <span class="STYLE1">考试时间：</span>
            </td>
            <td width="42" nowrap bgcolor="#EEEEEE">
              <span class="STYLE1"><font color="#FF0000">20</font>分钟</span>
            </td>
            <td width="58" align="center" nowrap bgcolor="#EEEEEE">
              <span class="STYLE1">计时</span>
            </td>
            <td width="193" nowrap bgcolor="#EEEEEE"><span class="STYLE1">
              <script type="text/javascript" src="js/xmlHttpRequest.js"></script>
              <script type="text/javascript">
                timer = window.setInterval("ShowTime()", 1000);
                function ShowTime()
                {
              xmlHttp.open("post", "showtime.php", true);
                  xmlHttp.onreadystatechange = function()
                  {
                    if(xmlHttp.readyState == 4)
                    {
                      tet = xmlHttp.responseText;
                      document.getElementById("show_time").innerHTML = tet;
                    }
                  }
                xmlHttp.send(null);
                }//ShowTime()
              </script></span>
              <div class="STYLE1" id="show_time"></div>
            </td>
            <td width="77" align="center" nowrap bgcolor="#EEEEEE">
              <span class="STYLE1">剩余时间：
                <script type="text/javascript">
```

```
            time = window.setInterval("sparetime()", 1000);
              function sparetime()
               {
           xmlHttp.open("post", "sparetime.php", true);
           xmlHttp.onreadystatechange = function()
                {
                   if(xmlHttp.readyState == 4)
                    {
                tet = xmlHttp.responseText;
           document.getElementById("sparetime").innerHTML = tet;
                  if(tet=="00:00")
                   {
                       form1.submit();
                   }
            }
           }
              xmlHttp.send(null);
               }//sparetime()
             </script></span></td>
         <td width="182" nowrap bgcolor="#EEEEEE">
            <div class="STYLE1" id="sparetime"></div></td>
       </tr>
     </table>
         <form name="form1" method="post" action="index.php?online=开始考试">
           <table width="750" height="228" border="1" cellpadding="1" cellspacing="1" bordercolor="#FFFFFF" bgcolor="#666666">
    <?php
       include("ksks1.php");
    ?>

    <?php
       include("ksks2.php");
    ?>

      <tr><td height="20" bgcolor="#FFFFFF" class="STYLE1"> </td><td bgcolor="#FFFFFF" class="STYLE1"> </td></tr>
       <tr><td height="20" colspan="2" bgcolor="#EEEEEE" class="STYLE1">  简答</td></tr>
    <?php
```

```php
$query2=mysql_query("select * from tb_kt where kt_lb='$kt_lbes' and kt_lx='2' and kt_small_lb='$kt_small_lb'");
    $z=1;//简答题编号，从1开始
    $fen2=0;
    while($myrow2=mysql_fetch_array($query2))
    { ?>
        <tr><td height="20" colspan="2" bgcolor="#FFFFDF" class="STYLE1">  <span class="STYLE4"><?php echo $z.".".$myrow2["kt_nr"]?>  <?php echo $myrow2[kt_fs];?>分</span></td></tr>
        <tr><td height="20" colspan="2" bgcolor="#FFFFFF" class="STYLE1">  <textarea name="<?php echo $myrow2[kt_id];?>" cols="80" rows="3"><?php
        if($_POST[$myrow2[kt_id]]==true)
        {
            if($myrow2["kt_zqdaan"]==$_POST[$myrow2[kt_id]])
            {
                echo "您输入的答案正确  ";
                echo $myrow2["kt_fs"];
                $fen2+=$myrow2["kt_fs"];
            }
            else
            {
                echo "您输入的答案错误  ";
                echo "正确答案:". $myrow2["kt_zqdaan"];
            }
        } ?></textarea></td></tr>
        <tr><td height="20" colspan="2" bgcolor="#FFFFFF" class="STYLE1"> </td></tr><?php
        $z++;
    }//while ?>

    <tr><td height="20" colspan="2" bgcolor="#EEEEEE" class="STYLE1">  论述</td></tr>
    <?php
    $sql="select * from tb_kt where kt_lb='$kt_lbes' and kt_lx='3' and kt_small_lb='$kt_small_lb';";
    $query3=mysql_query($sql);
    $w=1;
    $fen3=0;
```

```php
        while($myrow3=mysql_fetch_array($query3))
        { ?>
            <tr><td height="20" colspan="2" bgcolor="#FFFFDF" class="STYLE1"> 
<span class="STYLE4"> <?php echo $w.".".$myrow3["kt_nr"]?>  <?php
echo $myrow3[kt_fs];?>分</span></td></tr><?php
            if($_POST[Submit]!="")
            {
                if($myrow3[kt_zqdaan]==$_POST[kt_3])
                {
                    $str3=$_POST[kt_3];
                }
            }
            if($myrow3[kt_zqdaan]!="")
            { ?>
                <tr><td height="20" colspan="2" align="left" bgcolor="#FFFFFF" class="STYLE1">
  <textarea name="kt_3" cols="80" rows="3"><?php
                if($_POST[kt_3]==true)
                {
                    if($myrow3["kt_zqdaan"]==$str3)
                    {
                        echo "您输入的答案正确  ";
                        echo $myrow3["kt_fs"];
                        echo $str3;
                        $fen3+=$myrow3["kt_fs"];
                    }
                    else
                    {
                        echo "您输入的答案错误  ";
                        echo "正确答案:". $myrow3["kt_zqdaan"];
                    }
                } ?></textarea></td></tr>
                <tr><td height="20" colspan="2" bgcolor="#FFFFFF" class="STYLE1"> 
</td></tr><?php
                $w++;
            }
        }?>

            <tr><td height="20" bgcolor="#FFFFFF" class="STYLE1"> 
```

```php
<?php
    $zf=$fen0+$fen1+$fen2+$fen3;
    echo "您的总成绩是:";
    echo $zf;
?></td><td bgcolor="#FFFFFF" class="STYLE1"> </td></tr>
    <tr>
      <td align="center" bgcolor="#FFFFFF" class="STYLE1">
        <input type="hidden" name="Submit" value="提交">
        <input type="hidden" value="<?php  echo $_POST[kt_lbes]?>" name="kt_lbes">
        <input type="hidden" value="<?php  echo $_POST[kt_small_lb]?>" name="kt_small_lb">
        <input type="submit" name="Submit" value="提交">
      </td>
      <td bgcolor="#FFFFFF" class="STYLE1"> </td>
    </tr>
    </table>
</form>

<?php
    $submit=$_POST[Submit];
    if($submit=="提交")
    {
        $date=date("Y-m-d H:i:s");
        $sql="update user set grade='$zf', subject='$_POST[kt_lbes]', pt='1', date='$date' where number='$_SESSION[number]'";
        $result=mysql_query($sql);
    }
?>
  </body>
</html>
<?php
    }
    else
    {
        echo "<script> alert('您已经完成本类别的考试,不可以重复答题,谢谢!');window.location.href='index.php?online=进入考场';</script>";
    }
}
else
```

```
    {
        echo "<script> alert('请您正确登录!'); window.location.href='index.php?online=用户登录';</script>";
    }
?>
```

8 后台首页设计

8.1 概述

网络在线考试系统的后台首页是管理员对网站信息进行管理的首页面，如图 3-8-1 所示。在该页面中，管理员可以清楚地了解网站后台管理系统包含的基本操作。网络在线考试系统的后台首页包含的主要模块如下：

（1）管理员信息管理：主要用于修改管理员信息。

（2）考生信息管理：主要包括查看注册考生信息列表和考生信息查询、考试成绩查询和删除已注册的考生信息。

（3）考题类别管理：主要包括查看考题类别列表、添加考题类别信息和删除考题类别信息。

（4）考题信息添加：主要用于添加为各类套题添加单选题、多选题、问答题和论述题，并设置每题的分数及内容。

（5）考题信息管理：主要包括查看考题类别列表、修改套题信息和删除套题信息、查看考试题目列表、添加考试题目、修改考试题目和删除考试题目。

（6）退出管理：主要用于退出后台管理系统。

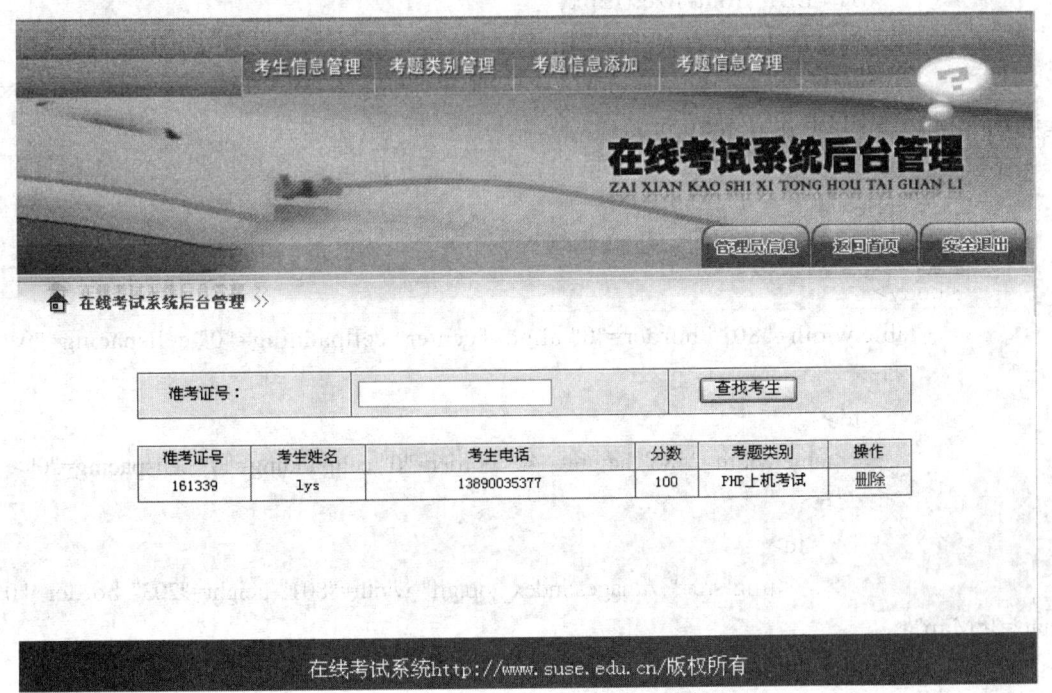

图 3-8-1 网络在线考试系统的后台首页

8.2 技术分析

网络在线考试后台主要应用了 switch 语句和 include 包含语句实现了类似于框架的网页嵌套技术。

8.3 实现过程

应用 switch 语句，根据变量标识$htgl 提交的值进行判断，应用 include 语句包含不同功能模块的脚本文件，index.php 代码如下：

```php
<?php
   session_start();
   if($_SESSION[admin_user]==true)
   {
      include("../conn/conn.php");
      $htgl=$_GET[htgl];
?>
   <html>
      <head>
         <meta http-equiv="Content-Type" content="text/html; charset=gb2312" />
         <title>网络在线考试</title>
         <style type="text/css">
         <!--
            .STYLE1 {font-size: 12px}
            .style11 {color: #FFFFFF}
            body  {background-color: #D9D6D1; margin-left: 0px; margin-top: 0px; margin-right: 0px; margin-bottom: 0px;}
         -->
         </style>
      </head>
      <body>
         <table width="801" border="0" align="center" cellpadding="0" cellspacing="0">
            <tr>
               <td>
                  <table width="586" height="40" border="0" cellpadding="0" cellspacing="0">
                     <tr>
                        <td>
                           <img src="../images/index_top.gif" width="801" height="203" border="0" usemap="#Map">
                              <table width="801" border="0" cellspacing="0" cellpadding="0">
                                 <tr>
```

```html
                    <td height="35" background="../images/index_line.gif">
                        <table width="801" border="0" cellspacing="0" cellpadding="0">
                          <tr>
                            <td width="209" height="35"> </td>
                            <td width="592" class="STYLE1"><?php echo $htgl; ?></td>
                          </tr>
                        </table>
                    </td>
                  </tr>
                </table>
            </td>
          </tr>
</table>
<table width="801" height="231" border="0" cellpadding="0" cellspacing="0">
  <tr>
    <td width="44" height="225" bgcolor="#FFFFFF"> </td>
    <td width="711" align="center" valign="top" bgcolor="#FFFFFF">
      <br>
      <br>
      <?php
     switch($htgl)
            {
    case "考生信息管理":
                include("ksxx_gl.php");
break;
    case "考题类别管理":
include("ktlb_gl.php");
break;
    case "考题信息添加":
include("ktxx_tj.php");
break;
    case "考题信息管理":
include("ktxx_gl.php");
break;
    case "":
include("ksxx_gl.php");
break;
            }//switch
```

```
                            ?></td>
                        <td width="46" bgcolor="#FFFFFF"> </td>
                    </tr>
                </table>
                <table width="801" height="24" border="0" cellpadding="0" cellspacing="0">
                    <tr>
                        <td height="50" align="center" bgcolor="5D554A">
                            <span class="style11">在线考试系统 http://www.suse.edu.cn/版权所有</span>
                        </td>
                    </tr>
                </table>
            </td>
        </tr>
    </table>
    <map name="Map">
        <area shape="rect" coords="187, 28, 275, 52" href="index.php?htgl=考生信息管理">
        <area shape="rect" coords="294, 29, 378, 51" href="index.php?htgl=考题类别管理">
        <area shape="rect" coords="405, 29, 491, 51" href="index.php?htgl=考题信息添加">
        <area shape="rect" coords="516, 28, 604, 49" href="index.php?htgl=考题信息管理">
        <area shape="rect" coords="724, 172, 785, 196" href="../tc_dl.php">
        <area shape="rect" coords="638, 176, 698, 194" href="checkadmin.php">
        <area shape="rect" coords="549, 177, 609, 191" href="xgmm.php">
    </map>
</body>
</html>
<?php
  }
  else
  {
    echo "<script>alert('请您正确登录!'); window.location.href='checkadmin.php';</script>";
  }
?>
```

9 考题信息管理模块设计

9.1 概述

考题信息管理模块主要包括查询考题信息、添加考题信息、修改考题信息和删除考题信息等 4 个功能，如图 3-9-1 所示。

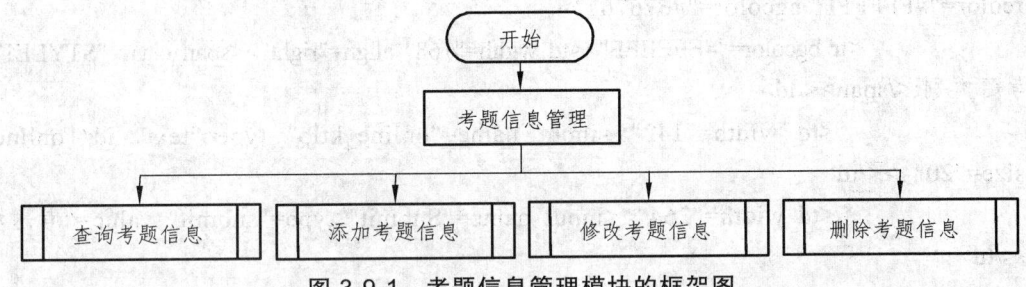

图 3-9-1 考题信息管理模块的框架图

9.2 技术分析

在实现考题信息管理模块时，为了更好地管理，把考题类别单独存储于一个表 tb_lb 中，这样在录入考题信息时就可以把考题类别以下拉列表的形式从数据库中读取出来，这种从下拉列表中动态显示表某列字段值的方法，方便了管理员快捷、灵活地操作网络在线考试系统，大大地提高了工作效率，达到事半功倍的效果。下拉列表是一种最节省空间的数据显示方式，正常状态下只能看到一个选项，单击控制按钮后，可以显示一定数量的选项，如果超出这个数量，会自动地显示滚动条，管理员可以通过拖动滚动条来选择各选项，下面介绍从下拉列表中动态显示数据表某列字段值的方法。

首先，创建与数据库的连接，然后应用下拉列表框和 select 查询语句相结合实现在下拉列表中显示数据表中的 online_ktlb 字段的值，最后，通过 while 循环语句进行输出，代码如下：

```
<?php
    session_start();
    if($_SESSION[admin_user]==true)
    {
        include("../conn/conn.php");
?>
    <html>
        <head>
            <meta http-equiv="Content-Type" content="text/html; charset=gb2312" />
            <title>考题类别管理 ktlb_gl</title>
            <style type="text/css">
                <!--
                    .STYLE1 {font-size: 12px}
                -->
```

```html
        </style>
    </head>
    <body>
        <form name="form1" method="post" action="ktlb_gl_ok.php" >
            <table width="592" height="41" border="1" cellpadding="1" cellspacing="1" bordercolor="#FFFFFF" bgcolor="#676767">
                <tr bgcolor="#EEEEEE"><td width="168" align="right"><span class="STYLE1">添加考题类别:</span></td>
                    <td width="142"><input name="online_ktlb" type="text" id="online_ktlb" size="20" /></td>
                    <td width="264"><input name="Submit" type="submit" value="考题类别" /></td>
                </tr>
            </table>
        </form>
        <table width="594" height="49" border="1" cellpadding="1" cellspacing="1" bordercolor="#FFFFFF" bgcolor="#676767">
            <tr bgcolor="#EEEEEE">
                <td width="158" align="center" class="STYLE1">类别标识</td>
                <td width="311" align="center" class="STYLE1">类别名称</td>
                <td width="103" align="center" class="STYLE1">操作</td>
            </tr>
            <?php
            $sql="select * from tb_ktlb;";
            $query=mysql_query($sql);
            while($myrow=mysql_fetch_array($query))
            {
            ?>
            <tr bgcolor="#FFFFFF">
                <td align="center" class="STYLE1"><?php echo $myrow[ktlb_id]?></td>
                <td align="center" class="STYLE1"><?php echo $myrow[online_ktlb];?></td>
                <td align="center" class="STYLE1"><a href="ktlb_gl_ok.php?delete_ktlb=<?php echo $myrow[ktlb_id]?>">删除</a></td>
            </tr>
            <?php
            }
            ?>
        </table>
    </body>
```

```
    </html>
<?php
    }
    else
    {
        echo "<script>alert('请您正确登录!'); window.location.href='checkadmin.php';</script>";
    }
?>
```

9.3 实现过程

考试题目添加包含两个步骤：一是为添加的考试题目选择类别、类型以及套题，二是将填写的考试题目信息插入到数据库中，如图 3-9-2 所示。

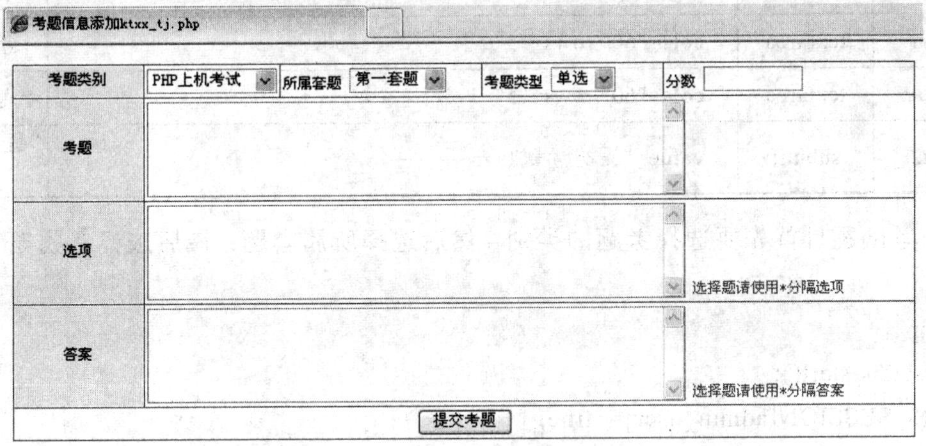

图 3-9-2 考题信息添加页面的运行结果

考题信息添加页面涉及的 HTML 表单的重要元素如表 3-9-1 所示。

表 3-9-1 考题信息添加页面涉及的 HTML 表单的重要元素

名称	类型	重要属性	含义
form2	form	method="post" action="ktxx_tj_ok.php"	表单

kt_lb	select	`<?php`
		`$sql="select * from tb_ktlb；";`
		`$query=mysql_query（$sql）;`
		`while（$myrow=mysql_fetch_array（$query））`
		`{`
		`?>`
		`<option value="<?php echo $myrow[online_ktlb]; ?>">`
		`<?php echo $myrow[online_ktlb]; ?></option>`
		`<?php`
		`}`
		`?>`
			考题类别

续表

名称	类型	重要属性	含义
kt_small_lb	select	<option value="第一套题">第一套题</option> <option value="第二套题">第二套题</option> <option value="第三套题">第三套题</option> <option value="第四套题">第四套题</option>	所属套题
kt_lx	select	<select> <option value="2">简答</option> <option value="3">论述</option> <option value="0">单选</option> <option value="1">多选</option> </select>	考题类型
kt_fs	text	size="10"	考试成绩
kt_nr	textarea	cols="60" rows="5"	考题内容
kt_daan	textarea	cols="60" rows="5"	考题答案
kt_zqdaan	textarea	cols="60" rows="5"	考题正确答案
Submit2	submit	value="提交考题"	"提交考题"按钮

添加考试题目首先要选择考题的类别,然后选择所属套题,最后选择考题类型,代码如下:

```php
<?php
    session_start();
    if($_SESSION[admin_user]==true)
    {
        include("../conn/conn.php");
?>
<html>
    <head>
        <meta http-equiv="Content-Type" content="text/html; charset=gb2312" />
        <title>考题信息添加 ktxx_tj.php</title>
        <style type="text/css">
        <!--
            .style2 {color: #CC0066}
            .STYLE1 {font-size: 12px}
        -->
        </style>
    </head>
    <body>
```

```php
<form name="form2" method="post" action="ktxx_tj_ok.php">
    <table width="744" height="41" border="1" cellpadding="1" cellspacing="1" bordercolor="#FFFFFF" bgcolor="#676767">
        <tr>
            <td align="center" bgcolor="#EEEEEE"><span class="STYLE1">考题类别</span></td>
            <td width="68" bgcolor="#FFFFFF"><span class="STYLE1">
                <select name="kt_lb" id="kt_lb">
                    <?php
                    $sql="select * from tb_ktlb;";
                    $query=mysql_query($sql);
                    while($myrow=mysql_fetch_array($query))
                    {
                        echo "<option value='$myrow[online_ktlb]>$myrow[online_ktlb]</option>";
                    }
                    ?>
                </select></span></td>
            <td width="166" bgcolor="#FFFFFF"><span class="STYLE1">所属套题
                <select name="kt_small_lb" id="kt_small_lb">
                    <option value="第一套题">第一套题</option>
                    <option value="第二套题">第二套题</option>
                    <option value="第三套题">第三套题</option>
                    <option value="第四套题">第四套题</option>
                </select></span>
            </td>
            <td width="151" bgcolor="#FFFFFF">
                <span class="STYLE1">考题类型
                    <select name="kt_lx" id="kt_lx">
                        <option value="0">单选</option>
                        <option value="1">多选</option>
                        <option value="2">简答</option>
                        <option value="3">论述</option>
                    </select>
                </span>
            </td>
            <td width="211" bgcolor="#FFFFFF">
                <span class="STYLE1">分数
```

```html
                    <input name="kt_fs" type="text" id="kt_fs" size="10">
                  </span>
                </td>
            </tr>
            <tr>
                <td width="114" align="center" bgcolor="#EEEEEE"><span class="STYLE1">考题</span></td>
                <td colspan="4" bgcolor="#FFFFFF"><span class="STYLE1"><textarea name="kt_nr" cols="60" rows="5" id="kt_nr"></textarea></span> </td>
            </tr>
            <tr>
                <td align="center" bgcolor="#EEEEEE"><span class="STYLE1">选项</span></td>
                <td colspan="4" bgcolor="#FFFFFF">
                    <span class="STYLE1">
                       <textarea name="kt_daan" cols="60" rows="5" id="kt_daan"></textarea>
                       <span class="style2">选择题请使用*分隔选项</span>
                    </span>
                </td>
            </tr>
            <tr>
                <td align="center" bgcolor="#EEEEEE"><span class="STYLE1">答案</span></td>
                <td colspan="4" bgcolor="#FFFFFF">
                    <span class="STYLE1">
                       <textarea name="kt_zqdaan" cols="60" rows="5" id="kt_zqdaan"></textarea>
                        <span class="style2">选择题请使用*分隔答案</span>
                    </span>
                </td>
            </tr>
            <tr align="center" bgcolor="#FFFFFF">
                <td colspan="5"><input name="Submit2" type="submit" value="提交考题" /></td>
            </tr>
        </table>
    </form>
  </body>
</html>
```

```php
<?php
    }
    else
    {
        echo "<script>alert('请您正确登录!'); window.location.href='checkadmin.php';</script>";
    }
?>
```

提交考题表单到数据处理页,程序处理页面首先应用变量获取到表单数据,然后应用 insert…into 语句将其插入到考题信息表 tb_kt 中,如果考题信息添加成功,则弹出提示信息,并重新定位到考题信息添加页面,完整代码如下:

```php
<?php
    session_start();
    if($_SESSION[admin_user]==true)
    {
        include("../conn/conn.php");
        $Submit2=$_POST[Submit2];
        if($Submit2=="提交考题")
        {
            $kt_lb=$_POST[kt_lb];
            $kt_lx=$_POST[kt_lx];
            $kt_fs=$_POST[kt_fs];
            $kt_nr=$_POST[kt_nr];
            $kt_daan=$_POST[kt_daan];
            $kt_zqdaan=$_POST[kt_zqdaan];
            $kt_id=$_POST[kt_id];
            $kt_small_lb=$_POST[kt_small_lb];
            $sql="insert into tb_kt (kt_lb, kt_lx, kt_fs, kt_nr, kt_daan, kt_zqdaan, kt_small_lb) ";
            $sql.="values('$kt_lb', '$kt_lx', '$kt_fs', '$kt_nr', '$kt_daan', '$kt_zqdaan', '$kt_small_lb');";
            $queryes=mysql_query($sql);
            if($queryes)
            {
                echo "<script>alert('考题添加成功!'); window.location.href='index.php?htgl=考题信息添加';</script>";
            }
        }
    }
    else
```

```
            {
                echo "<script>alert('请您正确登录!'); window.location.href='checkadmin.php';
</script>";
            }
        ?>
        <meta http-equiv="Content-Type" content="text/html; charset=gb2312">
```

管理员登录后，单击"考题信息管理"超链接，进入到查询考题信息页面，选择考题类别后，单击"考题查找"按钮，将查询出该类别下的所有考题信息，同时提供修改考题信息和删除考题信息的功能，如图 3-9-3 所示。

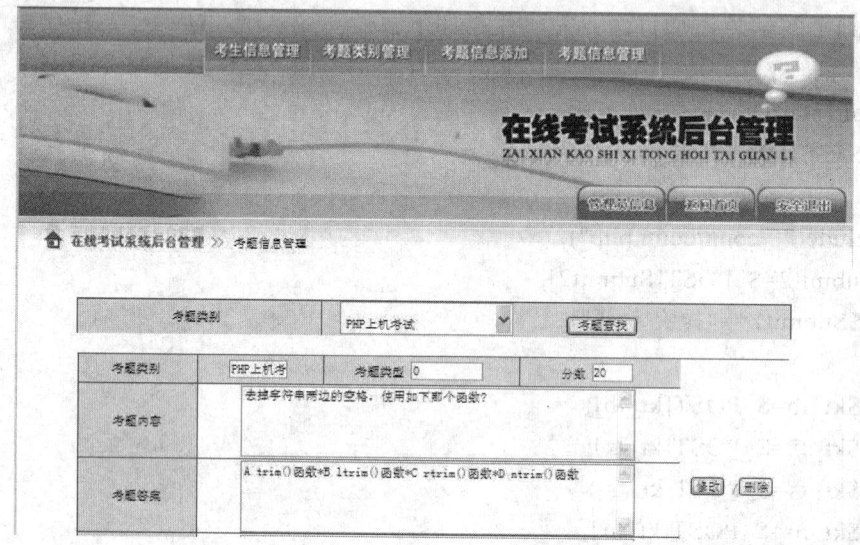

图 3-9-3　查询考题信息页面的运行结果

查询考题信息页面涉及的 HTML 表单的重要元素如表 3-9-2 所示。

表 3-9-2　查询考题信息页面涉及的 HTML 表单的重要元素

名称	类型	重要属性	含义
form1	form	method="post" action="index.php?htgl=考题信息管理"	查询考题表单

kt_lb	select	`<select name="kt_lb" id="kt_lb">`
		`<?php`
		`$sql="select * from tb_ktlb;";`
		`$query=mysql_query（$sql）;`
		`while（$myrow=mysql_fetch_array（$query））`
		`{`
		`?>`
		`<option value="<?php echo $myrow[online_ktlb]; ?>">`
		`<?php echo $myrow[online_ktlb]; ?></option>`
		`<?php`
		`}`
		`?>`
		`</select>`
			考题类别

续表

名 称	类 型	重要属性	含 义
Submit	submit	value="考题查找"	"考题查找"按钮
form2	form	method="post" action="ktxx_gl_ok.php"	考题信息表单
kt_lb	text	value="<?php echo $myrow[kt_lb]; ?>"	考题类别
kt_lx	text	value="<?php echo $myrow[kt_lx]; ?>"	考题类型
kt_fs	text	value="<?php echo $myrow[kt_fs]; ?>"	考题分数
kt_id	hidden	value="<?php echo $myrow[kt_id]?>"	考题类别id
Submit2	submit	value="修改"	"修改"按钮
Submit3	submit	value="删除"	"删除"按钮
kt_nr	textarea	<?php echo $myrow[kt_nr]; ?>	考题内容
kt_daan	textarea	<?php echo $myrow[kt_daan]; ?>	考题选项
kt_zqdaan	textarea	<?php echo $myrow[kt_zqdaan]; ?>	考题答案

在考试题目查询页面中，首先建立用于查询的表单 form1，该表单中包含"考题类别"列表/菜单控件以及"考题查找"按钮。当管理员选择考题类别后，单击"考题查找"按钮，提交考题 kt_lb 类别到当前页，然后根据获取到的考题类别检索考题信息表 tb_kt，并将该类别下的所有考题信息输出到浏览器，代码如下：

```php
<?php
    session_start();
    if($_SESSION[admin_user]==true)
    {
        include("../conn/conn.php");
?>
    <html>
      <head>
        <meta http-equiv="Content-Type" content="text/html; charset=gb2312" />
        <title>考题信息管理 ktxx_gl.php</title>
        <style type="text/css">
          <!--
            .STYLE1 {font-size: 12px}
          -->
        </style>
      </head>
      <body>
        <form name="form1" method="post" action="index.php?htgl=考题信息管理" >
          <table width="685" height="35" border="0" cellpadding="0" cellspacing="1" bgcolor="#5D554A">
            <tr bgcolor="#DDDDDD">
              <td width="232" align="center"><span class="STYLE1">考题类别</span></td>
              <td width="436"> 
                <select name="kt_lb" id="kt_lb">
```

```php
<?php
    $sql="select * from tb_ktlb;";
    $query=mysql_query($sql);
  while($myrow=mysql_fetch_array($query))

    echo "<option value='$myrow[online_ktlb]'>$myrow[online_ktlb] </option>";
?>
  </select>
  <input type="submit" name="Submit" value="考题查找" /></td></tr>
  </table>
</form>
<table width="682" height="168" border="0" cellpadding="0" cellspacing="1" bgcolor="#5D554A">
  <?php
    $kt_lb=$_POST[kt_lb];
    $sql="select * from tb_kt where kt_lb='$kt_lb';";
    $query=mysql_query($sql);
    while($myrow=mysql_fetch_array($query))
    {
  ?>
  <form name="form2" method="post" action="ktxx_gl_ok.php">
    <tr>
      <td width="112" height="27" align="center" bgcolor="#DDDDDD" class="STYLE1">考题类别</td>
      <td width="117" align="center" bgcolor="#DDDDDD" class="STYLE1">
        <input name="kt_lb" type="text" value="<?php echo $myrow[kt_lb];?>" size="8"></td>
      <td width="180" align="center" bgcolor="#DDDDDD" class="STYLE1">考题类型
        <input name="kt_lx" type="text" value="<?php echo $myrow[kt_lx];?>" size="10"></td>
      <td width="148" align="center" bgcolor="#DDDDDD" class="STYLE1">分数
        <input name="kt_fs" type="text" value="<?php echo $myrow[kt_fs];?>" size="5"></td>
      <td width="99" rowspan="4" align="center" bgcolor="#FFFFFF" class="STYLE1">
        <input type="hidden" name="kt_id" value="<?php echo $myrow[kt_id]?>">
        <input type="submit" name="Submit2" value="修改 ">/<input type="submit" name="Submit3" value="删除"></td>
    </tr>
    <tr>
```

```html
                        <td height="43" align="center" bgcolor="#DDDDDD" class="STYLE1">
考题内容</td>
                        <td colspan="3" align="center" bgcolor="#FFFFFF" class="STYLE1">
                          <textarea name="kt_nr" cols="60" rows="5"><?php echo $myrow[kt_nr];?></textarea></td>
                      </tr>
                      <tr>
                        <td height="46" align="center" bgcolor="#DDDDDD" class="STYLE1">
考题选项</td>
                        <td colspan="3" align="center" bgcolor="#FFFFFF" class="STYLE1">
                          <textarea name="kt_daan" cols="60" rows="5"><?php echo $myrow[kt_daan];?></textarea></td>
                      </tr>
                      <tr>
                        <td height="33" align="center" bgcolor="#DDDDDD" class="STYLE1">
考题正确答案</td>
                        <td colspan="3" align="center" bgcolor="#FFFFFF" class="STYLE1">
                          <textarea name="kt_zqdaan" cols="60" rows="5"><?php echo $myrow[kt_zqdaan];?></textarea></td>
                      </tr>
                </form><?php
            }?>
          </table>
       </body>
      </html>
<?php
  }
  else
  {
      echo "<script>alert('请您正确登录!'); window.location.href='checkadmin.php'; </script>";
  }
?>
```

查询考题信息页面提供了修改考题信息的功能，管理员可对指定的考题信息进行编辑，单击"修改"按钮后，提交 Submit2 表单信息到数据处理页，查询考题信息页面提供了删除考题信息的功能，管理员可对指定的考题信息进行删除，单击"删除"按钮后，提交 Submit3 表单信息到数据处理页。

```php
<?php
  session_start();
  if($_SESSION[admin_user]==true)
  {
    include("../conn/conn.php");
    $Submit2=$_POST[Submit2];
    if($Submit2==true)
```

```php
        {
            $kt_lb=$_POST[kt_lb];
            $kt_lx=$_POST[kt_lx];
            $kt_fs=$_POST[kt_fs];
            $kt_nr=$_POST[kt_nr];
            $kt_daan=$_POST[kt_daan];
            $kt_zqdaan=$_POST[kt_zqdaan];
            $kt_id=$_POST[kt_id];
            $sql="update tb_kt set kt_lb='$kt_lb', kt_lx='$kt_lx', kt_fs='$kt_fs', kt_nr='$kt_nr', kt_daan='$kt_daan', kt_zqdaan='$kt_zqdaan' where kt_id='$kt_id';";
            $querys=mysql_query($sql);
            if($querys)
            {
                echo "<script>alert('考题更新成功!'); window.location.href='index.php?htgl=考题信息管理';</script>";
            }
        }
        $Submit3=$_POST[Submit3];
        if($Submit3==true)
        {
            $kt_id=$_POST[kt_id];
            $sql="delete from tb_kt where kt_id='$kt_id'";
            $query=mysql_query($sql);
            if($query)
            {
                echo "<script>alert('考题信息删除成功!'); window.location.href='index.php?htgl=考题信息管理';</script>";
            }
        }
    ?>
    <meta http-equiv="Content-Type" content="text/html; charset=gb2312">
    <?php
        }
        else
        {
            echo "<script>alert('请您正确登录!'); window.location.href='checkadmin.php'; </script>";
        }
    ?>
```

10 开发技巧与难点分析

10.1 考生登录编号的获取

考生登录编号的生成主要应用的是 mt_rand()函数和 substr()函数。首先通过 mt_rand()函数来获取一个 100 000 ~ 999 999 的随机数，然后应用 substr()函数从该随机数中获取 6 个数字，作为考生编号。

mt_rand(min, max)使用 Mersenne Twister 算法返回随机整数。如果没有提供可选参数 min 和 max，mt_rand()返回 0 ~ RAND_MAX 之间的伪随机数。例如想要 5 ~ 15（包括 5 和 15）的随机数，用 mt_rand(5, 15)。自 PHP4.2.0 起，不再需要用 srand()或 mt_srand()函数给随机数发生器播种，现在已自动完成。

```
<?php
  echo(mt_rand());
  echo "<br>";
  echo(mt_rand());
  echo "<br>";
  echo(mt_rand(10, 100));
?>
```

10.2 通过 Ajax 技术实现计时与显示剩余时间

首先要创建一个 XMLHttpRequest 对象实例，确保其能够在所有支持 XMLHttpRequest 的浏览器中运行，将其代码保存在一个名称为 xmlHttpRequest.js 的文件中，然后在需要应用 Ajax 技术的页面中，应用<script type="text/javascript" src="js/xmlHttpRequest.js"></script>包含该文件，代码如下：

```
/* Create a new XMLHttpRequest object to talk to the Web server */
var xmlHttp=false;
try
{
  xmlHttp=new ActiveXObject("Msxml2.XMLHTTP");
}
catch(e)
{
  try
  {
    xmlHttp=new ActiveXObject("Microsoft.XMLHTTP");
  }
  catch(e2)
  {
  }
}

if(!xmlHttp && typeof XMLHttpRequest!="undefined")
{
  try
  {
    xmlHttp=new XMLHttpRequest();
  }
```

```
    catch(e3)
    {
      xmlHttp=false;
    }
}
```
接下来编写两个自定义的 JavaScript 函数 ShowTime()和 sparetime(),通过 ShowTime()函数读取显示时间文件 ShowTime.php 中的数据,通过 sparetime()函数读取获取剩余时间文件 sparetime.php 中的数据,代码如下:

```
<script type="text/javascript">
    timer=window.setInterval("ShowTime()", 1000);
    function ShowTime()
    {
      xmlHttp.open("post", "showtime.php", true);
      xmlHttp.onreadystatechange=function()
      {
        if(xmlHttp.readyState==4)
        {
          tet=xmlHttp.responseText;
          document.getElementById("show_time").innerHTML=tet;
        }//if
      }
      xmlHttp.send(null);
    }//ShowTime
</script>
<script type="text/javascript">
    time=window.setInterval("sparetime()", 1000);
    function sparetime()
    {
      xmlHttp.open("post", "sparetime.php", true);
      xmlHttp.onreadystatechange = function()
      {
        if(xmlHttp.readyState==4)
        {
          tet=xmlHttp.responseText;
          document.getElementById("sparetime").innerHTML=tet;
          if(tet=="00:00")
          {
            form1.submit();
          }
        }
      }
      xmlHttp.send(null);
    }
</script>
```

在 ShowTime.php 文件中实现当前时间的显示。首先获取一个在 session 变量中存储的考试开始时间的时间戳，然后再应用 mktime()函数获取当前时间的时间戳，应用当前时间戳减去考试开始时间的时间戳，最后应用 date()函数输出获取的新时间戳的时间值，代码如下：

```php
<?php
    session_start();
    //创建一个 XML 格式输出
    //header('Content-Type: text/xml');
    header('Content-Type: text/html');
    //获取用户姓名
    $dates=$_SESSION[dates];
    $dates2=mktime();
    $dates3=$dates2-$dates;
    echo date("i:s", $dates3);
?>
```

在 sparetime.php 文件中获取考试的剩余时间。首先设置考试时间为 20 分钟，在考试开始时间的基础上加上 20 分钟，然后用考试时间减去系统的当前时间，获取的就是考试的剩余时间，当剩余时间为 00:00 时表示本次考试结束，将考试题自动提交，最后在考试操作页面中通过 DIV 标签来输出考试时间和剩余时间，代码如下：

```php
<?php
    session_start(); //初始化 session 变量
    //创建一个 XML 格式输出
    //header('Content-Type: text/xml');
    header('Content-Type: text/html');
    //创建 XML 头
    $dates=$_SESSION[dates]; //获取 session 变量中存储的考试开始时间戳
    $dates1=$dates+20*60; //设定考试时间
    $dates2=mktime(); //获取系统的当前时间戳
    $dates3=$dates1-$dates2; //计算考试的剩余时间
    echo date("i:s", $dates3); //输出考试的剩余时间
    //关闭<response>元素
?>
<div id="sparetime"></div> <!--输出考试剩余时间-->
<div id="show_time"></div> <!--输出考试时间-->
```

至此，一个完整的网络在线考试系统已经全部完成。在程序的开发过程中，采用了 switch 框架，使整个系统的设计思路更加清晰，同时，为了使程序更加人性化，系统中应用了 Ajax 技术实现在线考试时自动计时等功能。

参考文献

[1] 明日科技. PHP项目开发案例全程实录. 2版. 北京：清华大学出版社，2011.1.
[2] 唐四薪，等. PHP动态网站程序设计. 北京：人民邮电出版社，2014.8.
[3] 马述清，等. PHP网络编程. 北京：电子工业出版社，2014.1.
[4] 王晓东. 计算机算法设计与分析. 3版. 北京：电子工业出版社，2007.5.
[5] 黎远松，等. 算法分析与设计. 成都：西南交通大学，2013.8.
[6] 严蔚敏，等. 数据结构（C语言版）. 北京：清华大学出版社，2007.10.
[7] 严蔚敏，等. 数据结构题集（C语言版）. 北京：清华大学出版社，1999.2.